大石芳野　永 六輔

レンズとマイク

藤原書店

レンズとマイク　目次

■民俗や民芸へのまなざし　70

2

カメラとわたし　95

3 ぼくとラジオとテレビ 145

■沖縄と原発　168

■テレビ草創期、手さぐりの日々　194

本書は、スライド&トーク「土と生きる——福島の『今』と向き合う」(二〇一三年十一月十三日、於・新宿文化センター)と、二〇一三〜一四年に収録した対談(司会=藤原良雄、於・藤原書店催合庵)を元に構成しました。

「プロローグ」の写真は大石芳野写真集『福島FUKUSHIMA 土と生きる』(藤原書店刊)から、また、永六輔さんの写真は一九七〇〜七五年および対談時のもので、全て大石芳野さんの撮影です。

(編集部)

レンズとマイク

田畑は放射能汚染に見舞われ、草刈りも耕作もできないまま月日が流れる。（飯舘村、2011年8月）

プロローグ――土はいのち

スライド&トーク「土と生きる――福島の『今』と向き合う」より

佐藤良明さん（60歳）。「生きる原点の田圃を耕せないのは悲しくて情けなくて、悔しい。やり切れないいね」（飯舘村、二〇一二年三月十一日）

大石　東電福島第一原発の事故が起こってから私が福島を訪れたのは、一か月半余り過ぎた五月上旬でした。そのころの東京は節電で照明を落としていました。それだけに福島の街に煙々と灯りがついているのを見て、オヤ？　こんなに明るくていいの……ああそうか、ここは東京電力ではなくて、東北電力なんだ、福島の人たちは使用もしていない原発にやられたんだ……と思いました。今でもそのことを重く感じています。

緊急避難から帰宅できず、牛舎は変わり果てた。「こんな目に遭わせたくなかった」と飼い主は嘆く。訴えるような姿が随所に。（浪江町、2012年1月）

それから一年半、あちらこちらを訪ね多くの人たちにお会いして、福島の人たちはとても花が好きなんだと感激しました。花を愛でるということは、気持ちが優しいということに他なりません。そして花々ばかりか、田や畑、森も大切にしています。

スライド&トーク「土と生きる――福島の『今』と向き合う」より

「原発さえなければと思います。残った酪農家は原発にまけないで頑張って下さい。……」ベニヤ板に白いチョークで書いた遺書からは、酪農家の男性（享年54歳）の悲痛な心中がうかがえる。彼の姉がそっと堆肥舎に立ち寄る。（相馬市、2012年5月）

丹念に作物を栽培し、畜産業にも精を出す。太陽を上手に生かし、土と水、風を工夫する。ところが突然、ふるさとは放射能に汚染されてしまいました。それでも祖先から受け継いだ土地を守ろうとする必死の思いが伝わってきます。被災し、ふるさとを奪われた人びとが見舞われた、このような理不尽な事態に胸がえぐられる思いです。

秋元美誉さん（69歳）。「去年は作付け禁止のなかで米を栽培して罰則を受けたりして辛かった。今年は全袋を検査するなどの条件付きで許可されたので合鴨を五十羽あまり飼って収穫した。農民の意地だ」（川内村、二〇一二年七月）

一人ひとりと向き合いながら、土地のこと、歴史的なこと、そして将来の見通し、家族や若者、子どもたち、まだ生まれていない子どもたち…と、あれこれ考えると、何という不条理なことがふりかかったのかと暗澹となります。

スライド&トーク「土と生きる——福島の『今』と向き合う」より

大熊町のダチョウ園から逃げたダチョウが国道六号線を走る車を追う。羽根は汚れてやつれ、空腹が耐えがたいのか、悲しい目を向けた。(浪江町、二〇一一年十一月)

私たちはだれもが土と共に生きています。土がなければ人類の存続さえもかなり難しくなるでしょう。そして、結局は土へと返っていきます。なかでも農に携わる人たちにとっての土は、生きる原点そのものです。半永久的な核に汚染された大地は、余程、科学が発達しない限り、私たちの人生よりも長い間にわたって放射性物質を消すことができないでしょう。

鴫原大輔さん（31歳）、智江さん（27歳）。「震災後、避難を繰り返す日々だった。もうすぐ子どもが生まれるので嬉しい。希望と不安がない交ぜの感じ」（川俣町、二〇一二年十一月）

染みついた放射能にあらがい格闘を続ける福島の人たちと問題を共有し合うことの大切さを、今、改めて思います。

福島の人たちが心置きなく花に気持ちを寄せられる時が来ることを願っています。

「土に還る」ということ

永　僕が大好きな「土に還る」という言葉ですけれども、ふつう土葬で人を葬るときに穴を掘るでしょう。そして立膝に組ませて、亡くなった人を沈めます。そうすると掘った穴の土がこっち側に山になる。それを全部元へ戻す。戻すと、人の大きさだけ土が余っちゃう。ポコンと人の大きさの土饅頭ができる。それはだいたい半年ぐらいで中が腐って、埋めて盛り上げた土がストンと落ちて平らになる。そのことを土に還るという。平らになって、元のとおりになっちゃう。

大石　みんな、生きているものは、土に溶けていくでしょう？

永　われわれの着ている物は土に戻りますけれど、今、手にしているマイクは土に戻りません。プラスチックも土に戻りませんね。土とのつながりを話しするときに、今、あなたの説明を聞きながら、お客様はこの二人をどういうふうに見ているんだろうと思った。あなたがカメラを持っているのを最初に見たのは、何年前になるの。

大石　大学は卒業していましたが、もう半世紀ぐらい前です。

永　そうなんです。そのころから僕は旅をしていたし、この人の写真をたくさん見てきました。展覧会も行きました。本もあります。でも、写真を前にして紙芝居みたいにしゃべるのは、今はじめて見ました。あれがむずかしい、とってもむずかしい。お客さんのほうから見ると、笑っていいのかどうかわからないでしょう。おかしな写真もあるし、これっていう写真もあるし、なんでこれを選んだんだろうという写真もある。でも、僕はおもしろかったですよ。

同じようにスタートして約半世紀、僕はあなたを日ごろからずっと見ていました。あなたも僕を気にしてくれました。

三・一一に関して言いたいんです。僕らの世代は三・一一、三月十一日の意味がちがうんですよ。それは東京大空襲です。

大石　あれは三月十日でしょう？

永　十日の未明から、東京大空襲だった。東京大空襲がどんなに悲惨なものだったか。ちょっとその話をしていい？　その話をすると僕は泣きますよ。このごろ涙もろいので、この話は必ず泣きます。

僕は学童疎開で、東北へ行っていました。仙台の手前の白石というところです。僕は五年生だったけど、三月十日に僕より一年上の六年生が全部、東京へ戻って、学徒動員に行くことになっていた。僕は学童疎開、上級生は学徒動員です。学徒動員に行く上級生を駅へ送りに行きました。僕らも東京へ帰りたかったけれど、帰れない状況でした。

そして見送った汽車が、空襲の最中の東京へ向かって行ったんです。みんなそこで亡くなっているんです。僕らの同級生は一年上がいないんです。僕は見送った立場にいたから、僕の三月十一日は東北の三月十一日とわけがちがうんです。

福島は僕の疎開先に近い所だったんですが、震災後に僕が行ったのは、新盆の日に仙台から岩手県を回ったときでした。まだ悲惨でした。瓦礫もそのままでした。

そのなかで、どんなことがあっても負けない、津波になんか負けないぞ、地震にも負けないぞ、原発にも負けないぞと、「負けないぞ」という運動をしていた若者たちがいたんです。

その若者たちが使っているタオルがこれです。「マケナイゾ」と書いてあるの。首にも巻けない、頭にも巻けない、腕にも巻けない、この寸法では（笑）。半端なんですよ。ふつうのタオルを短くして、マケナイゾという……。

大石　とてもいいですね。

永　わかるでしょう。

大石　わかる、わかる。すばらしい。

永　ところが評判が悪かったんです（爆笑）。笑いごとじゃないだろうって。笑っちゃいけないんだって言うんですよ。

いろんな人がいっぱいいます。いっぱいいるけれど、遊んじゃいけないんですね。遊んじゃいけないし、ジョークを言っちゃいけない。

笑っていいときは笑っていい

永　僕は「遠くへ行きたい」という番組をやっていました。そういう名前の曲もあります。

僕が東北にボランティアに行きます。まだボランティアを募集しています。だけど最近ちょっとちがってきて、東北へ行くのは、ボランティアに行かなくても、温泉に入って、おいしいお酒を飲んで、おいしい料理を食べて、それで酔っぱらって帰ってきてもいいんです。それで東北を手伝っているんだ、という話ですね。

その話をきいて、「そういう歌は昔からありますよ」と言ったの。歌があります、「トオホクヘイキタイ」という……（笑）。「遠くへ行きたい」じゃないですよ、「トオホクへ行きたい」。

そう言ったら、また、笑いものにしていると叱られたんです。

戦争を撮るとか、台風の被害にあったフィリピンのレイテ島を撮るとか、撮って話をするときは、そこは注意しなければいけない。笑いごとじゃないんだって……。

大石　笑いごとではないけれども、笑っていいときは笑っていいんですよ。

永　あなたの写真集をめくっていきますよね。表紙もいいんだけれど、突然、ダチョウが出てきますね。おかしいよ、あれ（笑）。でも、笑うとダチョウに悪いって気がして。

大石　笑うって二つの意味がありますね。でも、いい意味で笑ったらいいんじゃないでしょうか。

永　僕に気を使ったでしょう。永六輔が病人だから。病人なんだよ、俺（爆笑）。

大石　すみません、気を使ってなかったです。病人だって、忘れていました。

永　病気です。難病です。癌です。大腿部の骨折もしています。あなたも同じ時期に骨折しましたね。

大石　大腿部ではないけれど、骨折しました。

永　同じ時期に骨折。そういうのって、みんな笑うじゃないですか。他人がころぶと笑う。それを織り交ぜながら、重い話をしたらいいと思う。

見えない放射能の怖さ

大石　放射能の怖いのは見えないことですね。におわない、見えない、感じない、それが一番怖い。もしここが放射性物質に覆われているといわれたら急に怖くなる。

永　原子力発電所も怖いけれど、最近、レストランとかホテルとか、みんな変なことをしているでしょう。食品偽装なんて。あれは今になって怒っているのがおかしいんです。だって、ふつうの牛肉でいいのに、牛にビールを飲ませたり、マッサージしたり、いろいろしていて、そこからおかしいんだもの。だから、この国は何かおかしいと思う。そういう話があると、大石さんの写真が生きてくる。里山みたいになんでもない風景、「どうしてこれを撮ったんだろう？」という写真でも、本には解説がありますから、その意味がわかる。

大石　写真だけ見たらわからないかもしれませんよね。

永　わからない。これは、最初からわからないと思ってやっているの？

大石　いえいえ。説明がないとわからないというのは、この福島だけでなく、写真ではよくあることですね。見る人が何かを感じてくれるのが大事ということもありますが。でも意味もない風景写真をそこに置くことはありません。意味があるから伝えたいんです。伝えたいから撮る。

大石さんの写真にはレンズを見返す目がない

永　僕が今言いたいのは、あなたの写真、好きですということ。あなたに出演してもらったＴＢＳのラジオで、若いアナウンサーがとても上手に言ったのは、「大石さんの写真はレンズに対して見返している目がない。こっち側にある、大石さんのやさしい目がちゃんと映っている」って。

大石　はい、そう言っていただきました。

永　あのほめ方もよかったけど、鶴見和子さん（社会学者）のほめ方はすばらしい。「レンズを通して、自分の眼と、相手の女や子どもの眼とを、きっちり向い合わせて、眼を通して、相手の心のあり方を深く探りあてている」

あなたは本当に惜しみなく出かけて、他の人はどう思おうが、私にとっては何でもなくないんだという写真を撮っていらっしゃる。それもとてもいい。

歴史の浅い日本のボランティア活動

永　ここで、ちょっと僕が腹が立っていることを言います。僕は「ゆめ風基金」という基金活動の会長を二〇一一年までしていました。今、小室等がやっています。それは阪神淡路大震災の時に、日本じゅうから募金があった。それが一年たっても神戸の市役所にあったんです。使ってないんです。

何千億円というお金が使われずに残っている。NHKも赤十字も、みんな募金してくださいって言うけれど、ああいうお金は使われてない。

分配委員を選べないからお金が余っちゃっているというのが、新聞にも載っているでしょう。

大石　公平にしないといけないとか、いろんな理由があるようですね。

永　理由はあるんです。けれど、今、本当に必要なことは、どういうことか。それができるのが政治家なんですけれどね。

それを一番最初にやってくれたケン・ジョセフというアメリカの友だちがいます。ケン・ジョセフは、ボランティアの世界では有名で、すぐに活躍する。今は台風被害のフィリピンに行っています。

彼がなんで日本で活躍しているのかというと、戦後すぐ、お父さんとお母さんが、マッカーサーのボランティア募集で日本に来た。マッカーサーが、「日本は大変だ、空襲も大変で、瓦礫も溜まって、食べるものもない。アメリカの仲間で余力のある者は日本へ行ってくれ」と言うので来たんです。だからボランティアのキャリアがちがう。

日本でも広がってはきているけれど、たとえば、芸人さんがボランティアで被災地に、歌をうたいに行ったりするでしょう。そうすると回覧が回って、「ボランティアが来ますから行ってあげてください」って、どっちがボランティアだかわからない（笑）。本当にそういうボランティアが多いの。だから慣れてないんです。もう少し災害がないと慣れないと思う。今、ラジオで言えないことを言っています（笑）。

大石　ボランティアという言葉がわりと流行ってきたのは、一九八〇年ぐらいからですね。カンボジアの難民がタイにどっと流出した時に、ボランティアという言葉が出てきました。その前は日本では奉仕活動と言ったりしていましたね。

今のようなボランティアは、歴史的にはまだ浅いかもしれない。

永　災害があったときに、その災害を糧にできるか、何を学べるか、という部分が欠如しているでしょう。全然学んでない。

これも放送で言えないけれど、阪神大震災のあの日に、住井すゑさんといっしょに関西にいたんです。食べ物がない、水がないというので、一番最初に目についたのは、かっぱえびせんのトラックがどんどん入ってきて、配りはじめたんです。かっぱえびせんって広島だからね。

東京でそれを見ていて、負けるなって言ったんだけれど、その時に東京がしたことは、トラックの名前を消せ、と。宣伝しているみたいに見えるから。名前を消している分だけ遅れた。ちがうんだよね。何が大事か。

大石　一刻も争うスピードですね。

永　まず持っていったほうがいいです。そういうところが不慣れなんですね。

土はいのち

大石　私が、農業をやっているわけでもないのに、土のことを一生懸命気にしたりしている理由は、私がほぼ半世紀にわたってお話をきいて、写真を撮った、いろんな国の人たちが教えてくれたことなんです。

だから福島に行ってすぐに、「土が汚されている、だから人々が悲しいんだ」と、ストレートに思いついたわけではないんです。これまでずっとお会いしたいろんな人たちが、土で苦しんだり、土に対する喜怒哀楽をもっていた。土は汚いと都会の人は言うけれども、じつは土を薬にしたりする民族もいます。

長年、さまざまな人たちから、少しずつ少しずつ教えてもらったことが、今のところ福島が私にとって一番新しい撮影場所なので、そこに多くのことが集結しているんです。だから「土と生きる」と言うときに、そこには土にたいする世界じゅうの人たちの思いがあるんです。

永 土というのは、いのちなんです。なきがらなんです。全部死体です。死体が土になるんです。石には命がない。でも土は命がある。

さっき言ったように、われわれは土に戻る。プラスチックは戻らない。原子レベルにすると戻れる。

大石 たしかにそうですね。そうすると、土は何十億年分もの命なんですね。地球ができて、冷えはじめて、生きものが生まれて三十八億年。そのあいだの命のつぶつぶですね。

永 そうです。だから土をいとおしまないと。われわれのご先祖様だからね。「土と生きる」というタイトルを説明する時に、それを入れてあげて。

大石 そこまでは考えがおよばなかったですけれども、人間にとって本当に原点だということは、これまでのなかで教えられてきて、考えさせられてきたことです。……あ、そろそろ時間ですね。永さん、今日はありがとうございます。

永　僕は数少ない相撲甚句の歌い手なんです。相撲甚句というのは、終わりに、みんなが帰っていく時に歌うものなんです。今日は歌えるか歌えないかわからないけれど、今から歌います。（拍手）

（相撲甚句の熱唱）

はあー　えー　勧進元や世話人衆、ご見物なる皆様よ
お名残り惜しゅうは候らえど　これでお別れせにゃならぬ
我々立ったるそのあとで　お家繁盛　町繁盛
悪い病の流行らぬように　お祈り申しておりまする
またの仰せがあったなら　このたび以上のご贔屓を
伏してお願い奉るよ

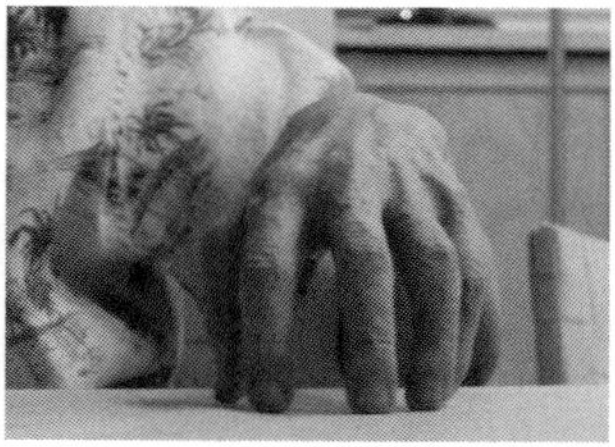

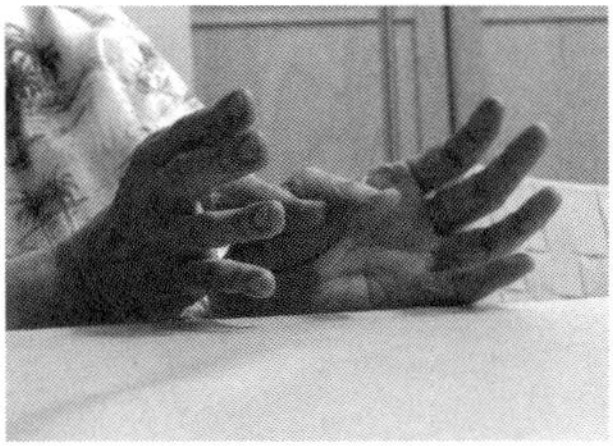

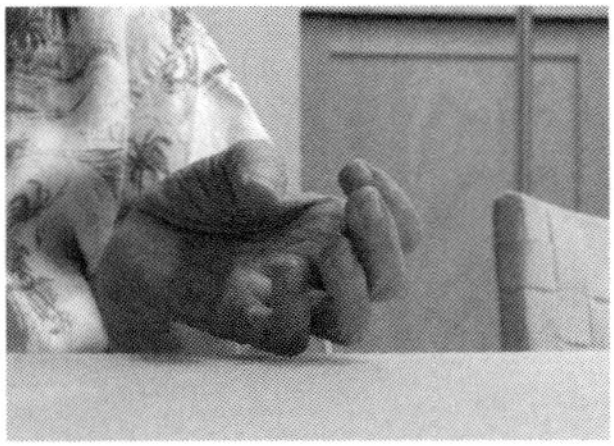

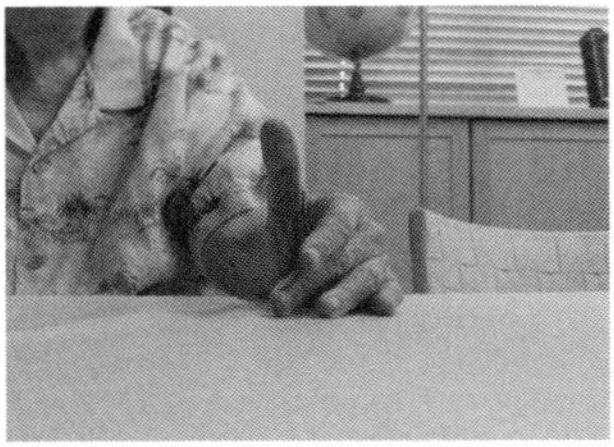
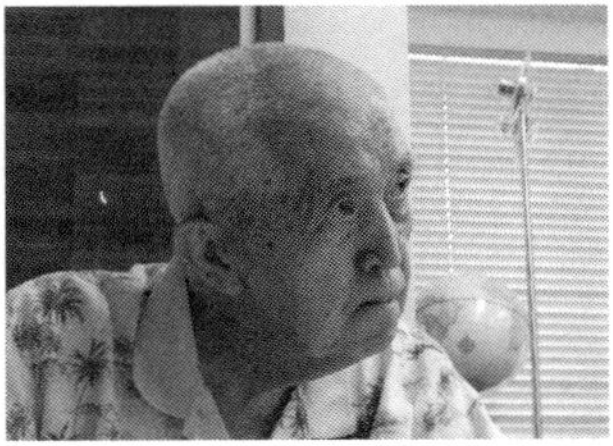

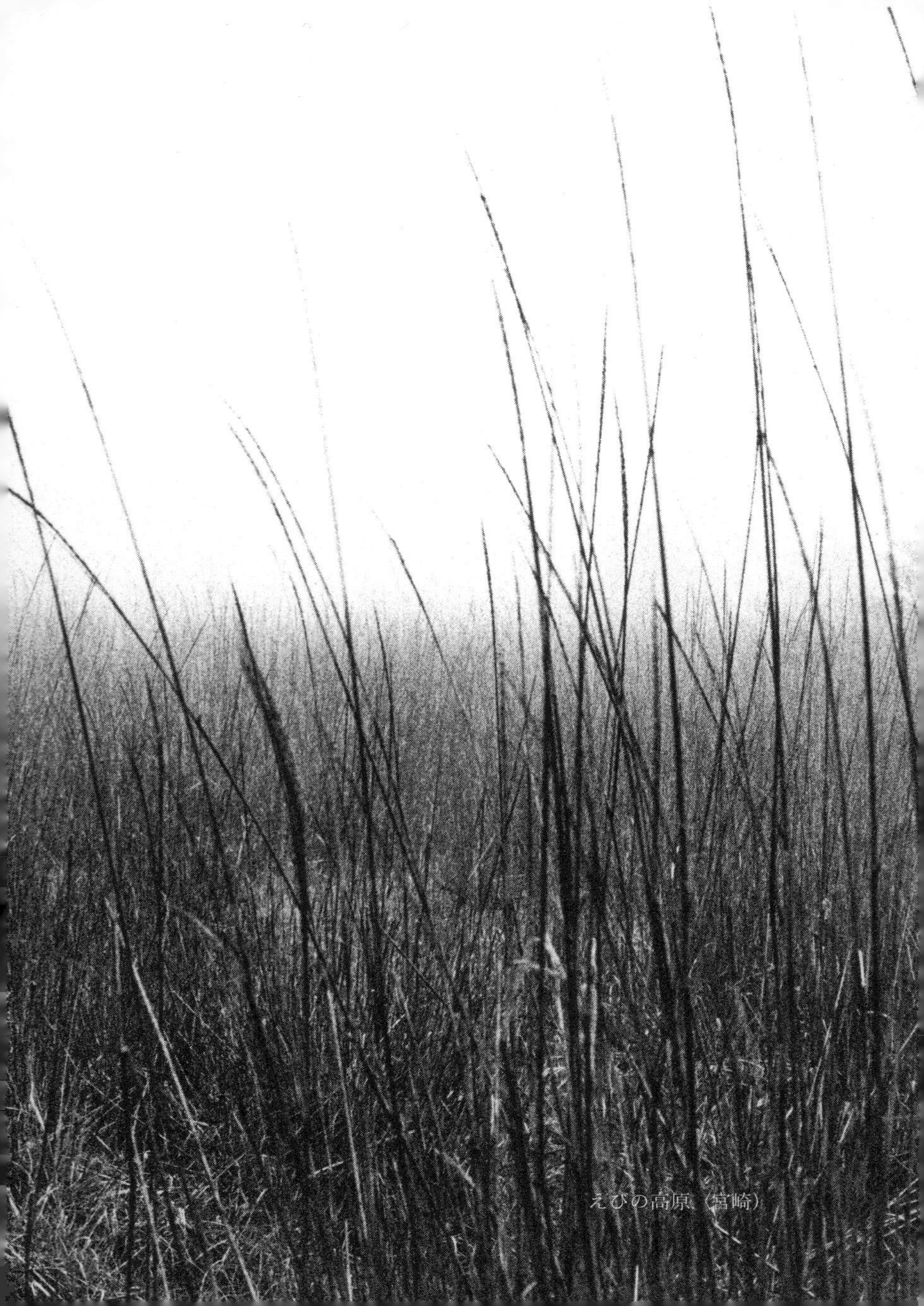

えびの高原（宮崎）

1　レンズとマイクの終わり？

写真を撮ること、撮られること

撮るのも撮られるのも、恥ずかしい

永　写真は、撮るほうと撮られるほうがありますね。僕は両方ともすごく恥ずかしいんです。撮るのも、撮られるのも。その恥ずかしさというのを、被写体の人たちはどう考えているか。恥ずかしくない？

大石　恥ずかしい（笑）。

永　あの恥ずかしさって何なんだろう。

大石　私も仕事でなかったら、風景は撮りますけれども、人はあまり撮らないですね。なんだか恥ずかしい。カメラをその人に向けて、その人がよろこぶとは限らないでしょう。失礼感というのかな。

永　写真を撮られるのが好きな人もいますね。なにかっていうと、並んで並んで、撮って撮ってって。あれ、大嫌いなの（笑）。これが世の中だからがまんしようとやっていますけれど、あの撮られることの恥ずかしさと、撮ることの恥ずかしさというのは、いっぺん、ちゃんと語るべきだと思う。

大石　恥ずかしいというのは、自分の恥ずかしさでもあるけど、もしかして、もっと潜在的なところでは、相手に悪いかな、というのが大きいんじゃないでしょうか。私の場合、仕事の時はかなり積極的に撮ります。もちろん、お断わりしてですけれど。自分の個人的な旅行とか、町へ行ったりした時に、人をアップで撮るということはほとんどないですね。遠くで風景の一つとして撮ったり、お祭りだったりすると、人がわいわいやっている、楽しそうなのを撮ったりはしますけれど……。

永　坂本龍馬は恥ずかしくなかったのかね（笑）。

大石　坂本龍馬の時は、めずらしいけれども、写真はわりとあったんじゃないですか。それで撮らせてもらいたいとか、あるいは自分の命がいつまでかわからないから、撮ってもらって残しておきたいとか。

永 でも、一方で、写真に撮られると魂を抜かれるという話も、伝説として残っているでしょう。あれはなんでしょうね。

大石 あれは世界じゅうにあるんです。だから写真は、とくに知らない国は、いくら仕事でも気をつけて撮らないと、口で「撮らないで」と言われるだけでなくて、信仰上の理由もあるようですが、追いかけられたり、本当になぐられた人もいますし、いろいろあります。

カメラが銃に見える国もある

永 この写真集（『それでも笑みを』）の表紙の少年もそうだけれど、あなたがカメラを向けているでしょう。相手の少年や少女たちは、あなたが向けているカメラを、どういうふうにとらえて、笑顔を見せるのか、あるいは耐えているのか、そのあたりのことが気になってしょうがない。

大石　いきなりは撮らないです。いきなり撮ると、カメラって、ごついでしょう。今のデジカメは顔から離したまま撮れるし、携帯も小さくなったけれど、一般的にはカメラのファインダーをのぞくので、顔の前に黒い固まりが来て、小さい子は泣きだすこともある。いきなりだと、怖くて。それから、とくにかつてのカンボジアのように、戦争が長かった地域の子は、カメラを見ただけで銃だと思うようで、カバンからカメラを取り出しただけで、ギャアッて泣いて、あの知らないおばちゃんが銃をこっちへ向けようとしているとか、カンボジア語で言っているらしいような泣き方をして、親にしがみついているのが、表情から読み取れることがありましたね。

永　今、あなたが話をしているような、撮影のときの現場のことを書いたエッセイはないじゃないですか。写真集には撮っている時のことは書いてありませんよね。写真が勝負っていったらおかしいけれど、作品だから？

大石　私は基本的に、あちらの人のことを伝えることを主としているので、自分のことは邪魔になりますね。どうしても自分のことを書いた方がいいときは書きますけれども、自分を書かなくても、あちらの人のことは伝わるので……。

永　大石さんはカメラを構えると、自分で人格が変わると思う？（笑）

大石　私、わりと人見知りなんですけれど、人見知りのままだと写真が撮れないので、積極的になる努力をします。そういう意味では、人格が変わるまではいかないと思いますが、相手の緊張を和らげようと、けっこう話しかけます、知らない人でも。そうでないと撮れないということもあるんです。向こうがオドオドしているでしょう。タレントとか俳優とか、有名人を撮る時は別ですが、私が撮る人はだいたい、あまり撮られたくないというか、撮られ慣れてないというか、そういう人たちですから、話をしないと。私にとっても相手を把握しきれないままではシャッターが押しにくいですから。

永　そこに時間をかけているなというのは、写真でよくわかる。

大石　私がニューギニアに行った時に、みんなで記念写真を撮ることになったんです。その時に私がカメラを持って撮る時は、みんな私を見る。それはなぜか知らないけれど、みんなそうしているんです。それで今度は自動シャッターで、自分もこの

パプア・ニューギニア高地（1975年）

村の人たちといっしょに入って撮りたいと思った。それで私はカメラを木にぶら下げて、セルフタイマーをセットして大勢がいるところに走っていって、彼らの横の方に立ったのね。そうしたら、みんな私を見るの（笑）。町から戻ってきた一人の青年だけがカメラを見ているの（笑）。私はその時、ちがうのよ、こっちじゃないのよ、カメラを見てよって叫んだけれども、みんな私を見るんです。かわいくてね。これこれ、この写真です。

永　おかしいな。

写真を撮るのは危険なこと

永　秘密保護法成立のとき、たいへんもめましたね。治安維持法の時代に、大橋巨泉の親父が警察に捕まったんです。それはカメラを持って歩いていたから。巨泉は写真屋さんの息子で、実家が写真館でした。小沢昭一も実家が写真館です。小沢昭一の親父も、カメラを持って歩いていて捕まっているんです。カメラを持って歩いていると、スパイだと思われる。

大石　そうなんです。昔はカメラを持っているのは特殊な人だったから、特にそうだったと思います。

海外に行くと、不穏な国では、カメラをカバンから出して肩に下げているだけで、写真を撮らなくても、小沢昭一さんや巨泉さんのお父さんと同じことが、今でも実際に起こっているんです。日本でもこれからはどうなるかわからない不安を、最近は感じますけれども。

私も何回か経験しました。撮ってはいけないことが誰にでもわかるような所ばかりじゃなくて、ここの地域は撮ってはいけないということは、すぐにはわからないんです。撮ってはいけない地域だと知らないで撮ったことがあって、捕まりそうになって、一時間ぐらい交渉して、フィルムだけ取られたことがあります。それは、今でもなかなかきびしいある国で、その地域全体が撮ってはいけない地域だったんです。偉い人が住んでいたりして……。

そこへ行ったときに、私がカメラをぶら下げていたので、子どもたちがワーッと来て「撮って撮って」という感じだったんです。その国の女性が通訳でしたが、彼女もそこで撮ってはいけないということを知らなかった。私たちが乗っていた車の運転手も知らなかった。三人とも知らなかったんです。

私はその子どもたちを撮りたいという気持ちはあまりなかったんです。けれども、子どもたちがワーッと来て、現地語だけれど「撮って撮って」という感じだったので、一応、撮っておこうと思って、二、三枚、パッパッパッと撮ったんです。その姿を誰かに見られていて通報された。

そしてちょっと歩きはじめたら、軍用車が来て、兵士が「あなたを連れて行く」ということになったけれども、私は行きたくないので、その場で強く交渉しました。相手は「カメラを渡せ」と。その時、私はライカを使っていて、そのライカを渡すわけにはいかないので、「これでは撮ってない」と言い張ったんです。別のカメラもぶら下げていて、別の所で三枚か四枚、撮っていたんです。それはたいした写真ではなかったので、「これで撮った」と言い張りました。

村の人たちは、私がライカで撮ったのは見たけれど、黙っていました。フィルムを渡すのはプロの名を汚すので、絶対に渡すまいと思ったけれども、これはなかなかきびしいなと思って、三枚ぐらいしか撮ってないカメラからフィルムを抜いて渡しました。カメラはむろん渡しませんでした。

けれども、そのフィルムをきちんと現像できっこないんです。カラー・スライドでしたから、その国では現像できない。でも「現像して問題がなかったら返してくれるか」と聞いたら、「返す」と。「本当に返すか」「返す」「どこに取りに行けばいいか」「どこどこの駐在所へ来い」と言うので、「わかった、必ず行くから、そのフィルムに問題がなかったら必ず返してくれ」と言ったんです。

もちろん、飛んで火にいる夏の虫みたいになってしまうので、取りに行きませんでしたが。そういう国は今でもあります。

別のある国では、こっちはすごくユーモラスな感じですけれども、やはり撮ってはいけない地域があって。どこを撮ってはいけないのか、案内してくれた人も誰も知らなくて、私が撮ったら、役人が来たんです。

私のような取材者を案内するのは外務省関係ですが、写真を取り締まるのは内務省関係です。で、役人同士のけんかになったんです（笑）。

何を撮影したかというと、そこに大きな木があり、その花らしきものを撮ったんですが、それはだめだと言うの。「だってここには何も問題ないじゃないか」と言ったけれど、結局、だめ。だめなのはなぜか。この地域は撮ってはいけない所だから、何を撮ってもだめだ、というのが向こうの役人の理屈なのです。

永　「撮ってはいけない」という世界共通のマークというのはあるんですか。

大石　世界共通ではないけれど、ありますよ。カメラの絵に「×」となっているマークです。日本でもありますね。見ればすぐにわかる。最初に話した国と、次に話した国はまったく別の国で、そこの場所にはマークはありませんでした。そういう経験を私は何度かしています。それだけに、特定秘密保護法などが施行されたら、他人ごとではなくなるんですね、日本も。

カメラが間にあるつきあい、無いつきあい

永　国の生活レベルで、カメラにたいする考え方も変わりますね。日本人もそうだった。

ぼくはカメラは持ってないんです。自動車の運転もできない。決めたことが一つあって、壊れたときに自分で修理できないものは買わない。カメラは壊れたら自分で直せない。ラジオは直せる。テレビは直せない。携帯も直せない。直せないものは、自分のものじゃない。だからすごく不便（笑）。笑っちゃうよね。

大石　不便であると同時に楽でもありますね。巨泉さんや小沢昭一さんのお父様

の時代の経験というのは、私も紛争地域で経験したことがあるし、近い将来の日本も何かの時はそうならないとも限らない。その時、カメラはすごく危険なんです。

永　小沢さんのお父さんの言葉だけれど、海は絶対に撮れなかった、と。海は撮ってはいけないんです。その写真を、敵が上陸してくるときに使われるから。海岸というのは、カメラにとっては大事な風景でしょう。でも、かつては海にカメラを向けていたら警察が飛んできた。

そういう不便さを知っていて、自分で撮るならいいけれども、それを誰も語り伝えていかないうちに、恥ずかしがる人もバシャバシャ撮りまくったり、自分の裸を撮って勝手に送ったり、というようなことが、このごろあるじゃないですか。

カメラにたいして恥ずかしさだけじゃなくて、レンズを怖れる、こわいという神経をもっていないといけない、と思うんです。

ぼくは写真嫌いで通っている。とくにバシャバシャ撮られるのは嫌なんです。一枚なら許します。それなのに大石さんの写真にはよく入っている。それはたぶん子どもたちと同じなんだと思う。大石さん以外の写真はないんです。

自分で写真のページをもったことはある。自分が撮って、『週刊朝日』で連載したことがあるんです。こんな所があります、こんな人がいますと。その時に、二度と撮るまいと思ったのは、写真を撮ってしまうと、つきあいがちがっちゃう。写真のないつきあいと、そこにカメラがあるつきあいはちがうんです。恥ずかしさとか、おそれるということも含めて。

写真がいい人と、写真で見たらこんな人だったんだ、という人とあるじゃないですか。谷川徹三さんという哲学者がいて、本人じゃなくて写真で感動したの。誰が撮った写真かわからないけれど。そういうことってあるんです。女優さんでも、写真で生きる女優さんと、写真になるとどうしてもつまらなくなってしまう女優さんがいる。生き生きしているというのとはちがうんだけれども、でも、レンズを見ている眼と、見ていない眼と、ずいぶんちがうでしょう。見返している眼って、見るほうも見つめなおしますね。

音が聞こえてくる写真を撮りたい

永　写真は、あたりまえだけれども、音がないでしょう。でも、現場には音がある。子どもが泣いていたり、牛が餌を食べていたり、いろいろな音がある。その周りの音の聞こえてくる写真と、音があるだろうけれど静寂を切り取った写真と、写真と音の関係はあまり気にしません？

大石　いえいえ、よく気にします。話し声とか笑い声、泣く声とか、音が聞こえるような写真を撮りたいと思います。

永　戦争とか暴動というのは音がしますね。まず銃声が聞こえる。銃声が聞こえてくる写真と、銃声は聞こえてこないけれど、それを感じさせる写真と。

テレビカメラは、最近、絵も音も撮っちゃいますね。そして何秒か前から撮れているというのも、最近はあるでしょう。シャッターを押す五秒前からじつは撮れているという……。そういうテレビカメラが開発されているんです。テレビカメラの進化はすごいんです。

大石　そうですね。それは写真のカメラがデジタルになるよりもずっと前に、テレビカメラがデジタル化していますからね。

永　大石さんの写真集には音がない。あるんだけれど、ないんだよね。ない良さというのもあるわけです。自分のイメージの中に聞こえてくる音があるから。

「あなたの音はピアノの八十八鍵の中にない」

永　音大のピアノ科でパーティがあったんです。奥田智重子というのは、ぼくの叔母ですけれども、国立音大の教授だった。そして退官するので、そのお疲れ様のパーティがあった。その時に、みんな声楽家だからいろんな歌を歌った。奥田先生にこういう歌を習いましたって、ドイツリートを歌ったりする、なごやかな会だったんです。そのなごやかな会の時に、叔母さんも機嫌がよくて、「あなたも歌いなさい」と言う。「とんでもない、専門家の前で歌えない」「いいから、今日は別だから歌いなさい」と話をしているそばにピアノ科の主任教授がいた。「私は『遠くへ行きたい』は弾けます、メロディを知ってます」と言うから、「いいです」と言ってるのに、「演奏しましょう、私が伴奏しますから」って言われて引っ込みがつかなくなった。

「永さん、キーはなんでしょう」

「そういうものはない、キーなんてない」

「どうすればいいですか」

「中村八大さんは、歌っていると途中から入ってくれる。最初はイントロも伴奏もなくて、歌うと途中からきれいに入ってきます」

「それでよろしければやりましょう」

と言って、ぼくが、「〽知らない町を歩いてみたい」って歌ったら、ポロポロポロと入ってくるはずなのが入ってこない。最後まで入ってこない。結局、アカペラで終わっちゃった。

そうしたら、その先生が、「永さん、ちょっとここへおいでください」と言って、ピアノの鍵盤を指して、「ここに八十八鍵ありますが、この中にあなたの音がなかった」

と。「そういうものじゃないでしょう」って（笑）。日本の音楽教育はそうなの、絶対音階。教会のベルは、打つんじゃなくて、演奏すると言うんです。

写真機には相性がある

永　どのレンズでも同じだというわけにいかない？

大石　レンズやカメラはそれぞれ好みがありますね。私は写真機というのは機械だから、相性があると思っているんです。若い時は、どうしても使いたいカメラやレンズでも買えなかったものがだんだん買えるようになったりして他の機種に変わることもあります。

永　道具でいうと、万年筆というのは会社によってインクの流れ方や字がちがいますね。

大石　そうですね、ペン先とかね。

永　ボールペンの時代になって、誰が何を書いても同じになってしまった。そのことにかんして、万年筆をもう一回使いなおしましょうみたいなことをやっているじゃない？　何万円のがざらにある万年筆のケースを見ていると、いいんですね。同じようにカメラも、何年のキヤノン、何年のニコンというのがあるの？　自動車みたいに。

大石　そうですね。昔のものにはあるんですけれども、今はデジタルの時代になってしまって、どのメーカーもデジタルカメラになっていますから、価値観が変わってきたかもしれませんね。

永　カメラって重いじゃないですか。あの重さをなんとかしようと、誰も思わなかったの？

大石　軽いのはたくさん出ています。だから一番楽なのは、じつは携帯なんです。昔は携帯で撮ると、画素数が少ないからグジャグジャの写真だったんですけれども、今は高画質で、携帯で撮ってもかなり引き伸ばせるようになりました。

永　それは何がよくなったの？

大石　私も詳しくはわかりません。携帯には小さいレンズが横についているだけなんです。今は携帯で録音もできるし、動画も撮れるし、なんでもできちゃう。

写真もラジオも、乗り遅れてジタバタしてる

大石　だから今の若い人や子どもたちの考えている写真というものと、何十年もやってきた人の写真というのは、カメラだけじゃなくて、写真に関してもギャップがある。というのは、デジタルで撮って、こっちの写真とそっちの写真をくっつけて、いくらでも作れてしまうんです。例えば、コンテストなどで、オリジナルの原画を出してくださいと要求しても、最後の画像しか出てこない。前のを消してしまうということもありうる。裁判で写真を証拠にする場合に、デジタル写真は加工ができるので証拠能力は無いのかと思って、友人の弁護士に尋ねてみましたら、フィルムでもデジタルでも写真は裁判の証拠能力はあるけれど、ただ、デジタル写真は証明力との整合性がより多く求められるとのことでした。

永　ぼくは生まれた時にテレビはない。ラジオがテレビになって、カラーになって、

スマホになってというふうに、どんどん変わってきた。その変わってきているのに、追いつけないタイプの人と、追いつけているタイプの人と、それを通りこして先へ行っているタイプの人と、いろんな層があると思う。その層のことを、メディアはあまり気にしていない。だから全部、スマホを持っていると思っている。そうは持っていませんよ、ぼくの周辺でいうと。

そして、中学生、高校生が持っているでしょう。彼らは辞書を引かないから、テレビを見ていても字のまちがいが圧倒的に多いのね。それでニュースキャスターがしょっちゅう謝っている。字幕、まちがいましたとかって、あれは全部スマホでやっているから。そういう人たちばかりになっちゃって、

その一方で、テレビから何か出てくるかというと、3Dテレビ。出版だって、3Dの本は当然出ているでしょう。つまり、本を開くと、バッと飛び出して見える。あとは、横を向いてる人を、コンピューターで正面を向かせたりすることができる。そういう時代なんだよ（笑）。

だから出版とか、写真とか、ラジオというのは、みんな、乗り遅れて、ジタバタし

ている世界なんです。

速いテンポのなかでゆっくり生きることのストレス

大石　一方では、テレビを代表とした、ムービーがあります。音も出て動く映像。そちらのほうが先進的というか。でも、私がなぜずっと写真をやってきたかは、今、永さんがおっしゃったところにあるのです。今、どんどん時代が忙しい方向へ向かっていて、パッと見たら、「うん、わかった」ということになる。ちょっと読んだら、うん、わかった、わかった、となってしまう時代に、もう何十年も前からどんどん進んでいて、じっと向かい合うとか、そういうものが激減している。

私は、写真はもともとじっと向かい合うものだと思うんです。その写真と見ている人は、対峙するというとちょっと強いけれども、見るほうにも力量が必要、撮るほうはもちろん必要という、緊張感の中にあるのが写真だと思ってやってきたんです。テレビというか、ムービーの世界に何度も誘われながらも、結局、一度もやらなかった。

写真は、動かなくて音も出ない。それだけの中に、見る人が想像力をふくらませて、いろんなことを感じてもらう。それは撮る側の力量も必要だけれども、そういうジャンルの大事さを私は強く感じていました。

今、デジタルの時代になって、もちろん写真は写真だけれども、少し社会が変わってきたというか、写真は一体何なのかという、これまでとは違った意味のほうに変わってきている。

永 よく古い写真のことをセピア色という言い方をするじゃないですか。セピアという言葉にとてもロマンチックなイメージがあって。スマホには自然にセピアになるというのはないわけだから。

大石 そうですね、今のところは。

永 ずっと持ちこたえていかなければいけないと。

大石 写真というのは、本当に見るほうも大変だと思うんです。ムービーのほうは説明もしてくれるし、動いているし、ちらっと見ただけで大概わかってしまう――本当はわからないんですけれども――、そういう時代にどんどんなっていますね。それは人間として残念です。少しでもいいから、一年に何回かでもいいから、自分と向き合うものをもってほしい、と私ぐらいのろのろ歩いてきた者の願いとして思うんです。

永　伝統工芸のほうでいうと、伝統工芸品という名前がつくのは、百年前の素材を使って、百年前と同じ作り方をして、百年前と同じものを作る、それの基準に通れば伝統工芸品なんです。作っている人は伝統工芸師と言われていた。ところが、今は、百年前と全然ちがっているわけです。電気も百年前にあるわけです。それが規則は直ってないから、全部百年前、百年前と。今の速さでいったら二十年前でもちがっているでしょう、カメラの世界でも同じだけど。

大石　そうですね。速いですね、テンポが。

永　その速い中で、ぼくたちはゆっくり生きている。それはストレスになる。

科学と技術はまっしぐらに進んでいく

永　新幹線が長野から金沢まで延びて、東京・金沢間が二時間かからない。そして名古屋へ行くリニアができるでしょう。四十何分って誰がそんなに急いでいるの？　誰もいないと思う。世の中、あらゆるジャンルで、さあ急げ、さあ急げ、速いぞ、速いぞって。料理に至るまで、そっちの方向にいっていて、どうすればそれにブレーキをかけられるか。立ち止まれるか。でも、立ち止まろうと思うと、後ろから押されるでしょう（笑）。立ち止まる場所もない。

大石　技術とか、それもひっくるめた科学というのは、一本道にのめりこんでいくから、できるだけ速いものを造りたいと思ったら、その道に科学者はまっしぐらに進んでいく。だから、原爆だって、科学者は本当にのめりこんで、作って落としたかった。でも、落としてみたらとんでもなかった。

被災者もボランティアも疲れきっている

永　たとえば、三月十一日がまもなくきますね。二人とも東北へは何度も行っているんです、もちろん福島だけでなくて。今、福島のボランティアがめちゃくちゃになっているんです。お金を取っているボランティアと、取っていないボランティアと……。

大石　儲けているボランティアがいくつもあるという噂を耳にしますね。

永　でしょう。あれは整理がつかない。阪神大地震の時にぼくは和歌山にいた。和歌山から神戸に向かう途中でぶつかっているんです。その時にいっしょにいたのが住井すゑさんで、水平社宣言の西光万吉の法事があって、住井さんに誘われて行った日の翌朝の地震だったんです。

生前の西光万吉を知っているのは、まわりにはぼくしかいないんです。『橋のない川』のモデルです。

そして何か手伝ってあげようということで、住井さんが作った会が、これは身障者のためにですが、お金を集めて、それはぼくは今もやっています。

このあいだ鎌田實が、東北へ行ってるボランティアが疲れているから、疲れているボランティアを笑わせたり、なぐさめたりしてやろうという会を福島でやった。見ているとそのぐらいボランティアが疲れきっている。そしてとくに福島の場合は、仮設住宅でしょう。

大石 そう、彼らは仮設住宅。それはあくまでも仮設なんですが、もう何年も仮設のまま希望ももがれたままそこで暮らしている。薄い屋根や壁しかない狭い部屋で、冬は零下十度以下に冷え込むし、夏は太陽がカンカン照りつけて冷房も効かないくらい暑い。彼らの多くが田舎の家だから広さは都会の何倍も。それが突然、四畳半と六畳位の一部屋か二部屋。当初は放射性物質から逃れられたという安堵感はあったでしょうが、今ではいつまでここに居なければならないんだという苛立ちがほとんどの人たちにありますね。

ふるさとに戻れない、かといって、新しい土地はここで……という方針も与えられない。与えられるのを待つのは甘えていると他人は言うかもしれないけれど、個人で見つけるなど余程でないとできない。以前のように戸外に出て畑などで土いじりしたり山菜取りなどに出かけたりはできないですから、とりわけお年寄りは気持ちが萎えてしまうと思います。若い人は新天地を見つけていけるかもしれないですけれど。

だから先が見えないんですね。希望がない。永さんが紹介してくださった、短くて頭に巻けないタオルで「マケナイゾ」と頑張っている象徴を掲げても、現実的に、放射能には、負けてしまうんですよね。もし、そこに私が居たら、やっぱり負けてしまうと思う。「原発さえなければ」といって自死した酪農家の男性が残したベニヤ板に白チョークの遺書は、彼ひとりのことではなく、被災者みんなが感じていることだと思うんです。浪江の農家の男性も同じように追い詰められた気持ちになって自死しましたが、彼ら家族は狭い仮設に住んでいたんです。母親と妻は「農業を続けることが生き甲斐だったから、絶望したんだと思います」とその仮設の一室に供えられた仏壇の前で、重く暗い表情で話していました。取材しながら悲しさと悔しさで私も胸がいっぱいになりましたね。

神田明神（東京）

佃島〈東京〉

富岡八幡宮（東京）

佃島（東京）

神田明神（東京）

好日山荘
西日本不動産

博多（福岡）

民俗や民芸へのまなざし

暮らしを撮ることと戦争を撮ること

永　あなたの写真集の中に時々、民俗芸能とか民芸が出てくるでしょう。あれは、趣味として民芸品が好きなの？

大石　私はわりと文化人類学的なことが好きなんです。戦争がなかったら――と言うとおかしいけれど――、そういう人々の暮らしみたいなものを撮りつづけていきたいなと思っていたんです。

永　染めたり織ったりを撮った作品が多いじゃない。

大石　ええ、そういうものが好きなんです。

永　そういう布地などを撮るのと、戦争を撮るのではそうとうな差がありますよね。

大石　そうとうな差というのはないんです。それはみんないっしょなんです。たとえばラオスの場合、写真集に『祈りを織る　ラオス』というタイトルをつけました。これはベトナム戦争でたくさんのクラスター爆弾が落とされて、それが不発弾になって土の中に埋まっていたり、知らないうちに木にひっかかっていたりする。それが突然爆発して人の命を奪ったり、ひどい障害を残したりするなかで、今は戦争ではないのに、一体なぜ、自分の子どもや家族が失われていくのかということに、とても苦しんでいる。しかも、不発弾のせいで十分に耕せないから、暮らしも貧しいのですね。

そういうなかで女性たちは、昔ながらのやり方で、自分や家族の着る衣装を織っていて、ゆとりができればそれを市場に持っていって売る。そのために、一生懸命デザインを考えたり、色を考えたりしながら織っている。その一人ひとりの思いというのは、平穏を願っている。

目の前の戦争に対するものではないけれども、生活や命を奪われていく、そういうものに対する祈りなんだ、と思うんです。

ドンパチをやっているその最中ももちろん戦争だけれども、それが終わってからも長いこと、人を傷つけたり、大地を傷つけたりしていく。それが戦争だと私は思っているんです。

だれだって自分のつくったおいしいものを食べて、ゆったりと暮らしていきたい。けれども、それができなくなる。

農民が舞う黒川能

永　馬場あき子さんと大石さんの、黒川能の本（『黒川能の里』）があるじゃない？　あれは黒川に興味があったの、能に興味があったの？

大石　私が一番興味があったのは、農民がやっている能が庄内地方にあって、庄内米を京都に持っていったという歴史の五百年の中で培われてきた。あれは神様に贈る儀式の一つですけれども、この現代における私の興味は、農民があれを舞っているというところなんです。専門家とか神社の人なら、そうかと思うんですけれども、畑とか田んぼなどいろいろな仕事を持ちながら、あの能を舞うというのは、日本の原点だという感じがしたんです。これはすごいことだと思ってね。今でも感動しています。

永　日本の能楽というのは、必ずあの世からこの世に来て、この世を憂えて、またあの世へ帰っていくというのが本来の形式でしょう。そろそろ、われわれはあの世からものを言っている（笑）。

黒川能とはどういうふうに出会ったの？

大石　先代の酒井の殿様がご存命だったころに縁があって行って、それで黒川能に大変興味をもって、その次の年の一九九八年から行ってのめりこんだという感じです。

永　ぼくなんかは大石さんがいて、馬場あき子さんがいるだけでおもしろいと思う、この顔合わせが。

大石　私が行った時には、馬場さんはもういらしていた。私は「はじめまして、こんにちは」と黒川の人たちにごあいさつする立場だったけれど、馬場さんは「お帰りなさい」と言われる人だった。四十年以上、毎年欠かさず通っている方で、私もお陰様で多くの人たちとの交流が深まりましたね。

永　ちょっときびしいことを言うけれど、伝統芸能というのは、マスメディアが入ってからどんどん質が変わってきている。テレビ向きになっていたりする所があるじゃないですか。

大石　黒川は、それがほとんどないと言っても過言ではないと思うんです。というのは、いわゆる伝統芸能とはちがって、これは神社のお祭りでものすごく神聖なるものを大事にしているので、村の人がそれを侵すと大変なんです。この舞台というのはふつうのお宅で、当屋でやっています。けれども、受け継ぐ家がなくなってきて、最近は、公民館でやることが増えてきました。この写真にあるのは民家で行われたものです。テレビが入ることで変わったという部分はないけれど、時代の流れで、受け継ぐ人が少なくなってきて、変わらざるをえなくなってきていますね。

東北、水俣——決着をつけない国

永　井上ひさしが言っていたけど、東北の地震の復興が遅れているでしょう。それで日本の北、東北は差別されているけれど、その差別も室町時代からで、われわれは慣れているから怒らないんだ、と。本当に怒る気力がなくなってきたね。

福島って中途半端な場所で、東北の入口にあるんです。福島より北が陸奥（みちのく）なんです。松尾芭蕉もほぼそれに近いことを言っているけれど、福島まで行くと、やっと江戸から離れたという感じになる。

征夷大将軍という言葉があるように、平安時代から福島から先が「野蛮」なところなんです。つまり、アイヌがいたところです。宮城県の下から岩手県にはアイヌの土地の名前がいっぱい残っている。安比《あっぴ》などもそうです。東京にも残っていて、日暮里《にっぽり》はアイヌ語です。山手線の中にアイヌ語が入っている。都から見ると、それが全部田舎なんです。だから多少のことはどうでもいいということになっている。

大石　じつは私、今、虚脱感がすごく大きいんです。だから頭の働きもとても悪くなっていいます。それを国は望んでいるかもしれませんが。若い人は誰かがやってくれるだろうと思って、他人事のようになっているし。私はもうあの世が近いのに一所懸命、「これじゃいけない、これからの若い人や子どもたちが大変だ」と思っていろんなことを言ったり、やったり、頭を使ったり、体を使ったりしているけど、それでいいんだろうかって。また、そういう虚脱感に結びついてしまう（二〇一五年になってシールズなど若者の発言が現れ始めたが、二〇一四年のころはまだまだ若者の声は小さかった）。

永　でも、ぼくは大石さんを見ていて、大石さんの写真集を出版して、本屋に並べて、あるいはセールスのステージをやって、という人たちがいることは、とても心強いと思う。とは言え、水俣だって世代が変わったら、なんとなくあいまいなまま終わっちゃうだろうね。決着をつけない国なんだね。

尊敬できる職人、できない職人

永　ぼくは民芸の世界の職人たちをたくさん訪ねて歩いたのね。それで尊敬できる職人と、尊敬できないのがいっぱいいるんです。職人を訪ねると、いっしょになって、ものを染めたり、織ったり、やったんです。そうすると理屈がわかって、できあがるとたいして差はないと。石を彫る職人のところに行くと、ぼくも並んで石を彫った。たとえば鋼を作るのでも、もちろん礼をつくして、ちょっとやらせてくださいと。それで同じようにできたら、もう尊敬しない。

これはだめだ、どうやっても同じようにできないというときに、その人を尊敬します。そうすると同じ職人でも、そんなものじゃないという職人と、どうぞどうぞという職人といる。たいていどうぞどうぞという職人の方が仕事がいいんです。だから自分で言うのもおかしいけれど、いいものを見たら、それを書いたり、彫ったり、染めたりというのを、今まで自分でしてきたんです。それで尊敬できない人が多い。それがちょうど民芸運動のはじまりの人たちと会って話をして、その人たちとはつきあえたんです。だから、大石さんのカメラをちょっと貸してって言わないでしょう。言うカメラマンもいるの。それはその時の気迫で。ぼくがシャッターを押しても変わらないじゃないですかって言うカメラマンもいる(笑)。

大石　まあ、いるかもしれないですね。

永　年取った腕のいい大工はいっぱいいるんです。でも、尺寸で仕事したらいけないから、してない。とくに東北は大工が多いんだけれども、仕事ができない。でも、何尺何寸で家を造るんだったら、彼らは材木をそのまま使えるんです。製材しなくても。曲がった木は曲がった木のように使える、いい棟梁はね。

着物もそう。鯨尺で縫ってはいけない。

大石　ほんと。着物が変わっちゃうじゃないですか。

永　信じられない。今の制度のやっていることは、ほんとに腹の立つことばっかりなの。

それにつながるけれど、ここのところ、気になっていることが一つあって、明治維新とあまり変わらないと思うのね。去年、一昨年、坂本龍馬がいないって言ったでしょう。ぼくに言わせれば、勝海舟がいないんです。坂本龍馬は捜せばいるんです。それで勝海舟の話をしていたときに、明治でも、江戸時代でも、大石さんがあの時代に生きていて、カメラを持っていたらどこへ行っているだろうと思ったの、今までの仕事も含めて。そういう話って広がるとおもしろくなるんです。

大石　そうですね。どこへ行っているか。

永　歴史を習うときに、奈良時代とか鎌倉時代とか言うでしょう。あれは後からつけたもので、その当時は言わない。今が石器時代だとか、そういうことはありえないでしょう。

明治時代、大正、昭和、平成と言うように。このつけ方もおかしいんだけれど……。それを考えながら、奈良時代の大石さんだったら、どこへ行ってるだろうか。鎌倉時代だったらどこへ行ってるだろうか。その中に隠岐の島があったり、東南アジアがあったりしてもいいんです。

日本最初の公害は奈良時代

永　奈良時代から都を京都に移して平安時代になる。だけど、奈良という今でも残っている都を、どうして移したかという話は、あんまりないんです。

じつに簡単なことなの。仏教が入って、仏像を造りますね。あれは全部銅なの。足尾鉱山、田中正造につながるんだけれど、たくさん仏像を造る。当然、大量に山を伐っちゃって山は枯れ、川もなくなり、人が住んでいられる状態でなくなって、一つ山を越えて京都に移る。奈良の大仏でたくさんの職人が死ぬんです。

大石　思いつかなかったけれど、たしかにそうかもしれませんね。

永　学者が研究するのはかまわないけれど、ぼくらみたいになんでもない、プロじゃない人々の会話の中に入ってくると。水俣も、石牟礼道子がいなければ、ああいうように広がらないからね。

今、たまたま足尾銅山でいろいろやっているじゃない、田中さんはたしかにつながる。

収容所みたいなところが、室町時代、鎌倉時代になかっただろうか。当然、あるはずですね、そういうのは。僕が話をした奈良の寺の住職は、その話にふれたがらない。日本の最初の公害は奈良時代で、奈良の地がめちゃくちゃになって京都に移って、平安時代になった。山も、森も、いいお寺もいっぱいあって、あんなすてきな町から一千人、ある日、いなくなったんです。

銅は足尾銅山からも、秩父からも。だから秩父でも公害があったんです。秩父ではわりとそのことを書いているでしょう。銅も奈良まで運んだ。

仏教が入ってきて、たくさんの人が公害で亡くなったというのは、仏教側は言いたくないじゃない。

今、政府が歴史の勉強をちゃんとしようみたいなことを言っているけれども、都がそのまま、ある日なくなって、移るというのは、不思議でしょう。小説でしかできないでしょう。

金毘羅は船を守るクビラ（ワニ）の神

永　金毘羅様ってあるじゃない。愛媛県の琴平宮というのは、金刀比羅様。金刀比羅（金毘羅）はクンビーラ。それが琴平になる。ワニ、クビラの船を守ってくれる神様なんです。だから山の上から海を見張っている。いまだにおおぜいの人が行くけれど、ワニだということを知らない。

大石　龍と大蛇とワニと混然一体となっている感じがしますね。

永　そうね。そしてワニを織ったり染めたりするのが多いじゃないですか、東南アジアにも、アフリカにも。

それで、平清盛が最終的に瀬戸内に逃げて、そこで平家は源氏に滅ぼされてしまうでしょう。あれは金毘羅、琴平に集まる。

大石　ほんとだ。金毘羅というと、ワニの魚の意味って辞書に書いてある。ガンジス川に棲むワニが神格化されて仏教にとり入れられたもの。

永　ワニの話がでたときに、もう一方で、久留米絣のあの絣はクメール絣って、あなたが言ったでしょう、つながっているんです。

大石　ええ、そう思います。それはたぶん人間の移動のせいだと思うけれども、ニューギニアのセピック川にいる人たちは、ワニを祖霊にしているんです。そして自分の祖先はワニだったと思っている。

だから男性の入社儀礼には身体にワニ柄を彫るんです。今ではこの儀礼をほとんどしなくなったと思いますが、歳の行った男性にはその模様はしっかりと残っているんじゃないかしら。私が訪ね歩いた一九七九年ころもかつてのように、誰もがと言うことではなかったですね。むろん、時期にもよって違っていて、前年は多かったが今年は少ないとか。

男性の入社儀礼ですから厳かなんです。昔ながらのやり方で彫るんですが、実は、昔は竹ベラだったそうです。体験者は「痛くて気絶した」と言っていました。私が取材できたのはカミソリを使ったものでした。人差し指と親指で刃を挟んで、身体にワニの模様を彫っていくんです。むろん、どの人も身体は血の色になるし、痛みをこらえた表情でした。男性たちの唸り声が村人に聞こえないように、太鼓や笛などで音楽を奏でるんです。これらはみな神聖なもの。一見ただの小屋のような建物でも、神社のような神聖な所なんです。

その後、身体の傷が腐らないように特別の樹液を塗布して、その後、特別な土、粘土のようなもので橙色がかった黄土色の土を全身に塗り込むんです。身体を川で洗い、傷が乾いてくるまで毎日、繰り返す。一〜二カ月で男性たちはワニ柄の鎧を着たような勇ましい姿に変身するんですね。厳かな儀式の間じゅう、男性たちは先輩から人間、男、女、子、性、社会、戦いなど村にとって必要なことを学ぶんです。

ワニの化身というこの思想はどこから来ているのか、と私はずっと思って、村々を訪ね彼らの伝説を聴いて歩いたりもしました。ワニがいかに悪いことをしたか、あるいは良いことをしたかという話です。セピック川というのは、大雨が降ると洪水になって、人々を苦しめたりもする。そのたびにワニが出てきて、村人を食べたり、あるいは村人を助けたりという物語が、伝説として語り継がれています。

ニューギニアのワニと金毘羅神のワニとは、どこかでつながるのかしら。

永　大石さんの写真集は偏っているわけじゃないけれども、つながっているんだね、本当に素材はちがうのに、見る眼が。

大石　いろんなことをよくやりますね、と言われるんですけれども、私の中ではつながっているんです（笑）。だから写真を見る人や読者にもそれがつながってほしい、読者は読者で勝手にその先につなげていってほしい、というのが私の願いなんです。

「絣」が結ぶクメールと久留米

永　久留米とクメールと似ているけれど、偶然似ているのか、そうでないのかというのもあるでしょう。そして、日本にはアイヌ語という世界があるでしょう。日本全体が昔はアイヌだったのを、大和民族が来て、北へ追いやられていって、北海道の樺太の方にだけアイヌが残っている。北海道の地名は全部アイヌ語。

大石　そうらしいですね。本州にもたくさん残っているでしょう。

永　東京にも残っている。

大石　アフリカから人間が何万年もかけて移動していった時に、いろんな文化をもった人たちが、あっちに行ったり、こっちに行ったりしたという可能性はありますね。それに日本を中心に考えれば、彼の地が飢饉に見舞われたり、災害や戦いなどで今でいう難民が海を渡って日本列島に辿り着いたり。そうした人びとが習慣や文化をもたらしたとも考えられますね。「クメール」はそういうことかもしれないとカンボジアへ行ったり来たりしているうちに思いました。

永　クメールの絣は、このタテ糸とヨコ糸のクロスしているところがにじむんです、ちゃんとそろわないので。少しずつずれる。そのずれがにじみになって、それが久留米絣の主流、一番伝わっている技術なんです。

大石　絣織はタテ糸とヨコ糸で、どっちみち自然ににじむでしょう。

永　にじまないようにやったのが京都なんです。西陣じゃないか。にじむからいいわけじゃない。でも、久留米絣というのは、たしかににじむから暖かい感じがする。

大石　あれは糸が染まっているから、こうしてにじむ。

永　にじみにホッとする絣はあちこちにありますね。みんな、このずれ、にじみが好きでしょう。きれいに染め上げて、きれいに糸を合わせちゃうと、まっすぐできれいです。でも、直線ばかりになっちゃう。それがにじむことによってソフトになる。

大石　余韻が出ますね。だから余韻を楽しみたいと思う人と、きっちりしてないと気がすまない人との差もあるのかもしれない。

永　メートル法だと、センチの下はミリでしょう。尺貫法は一分、二分が最後なんだ。それより細かくならない。

大石　それより細かい場合はどうするんですか。

永　どういうふうに説明すればいいか。

大石　そういう世界はないんですね、おそらく。手づくりの世界は多少のずれが楽しいですものね。

永　たとえば、焼き物でいうと、茶碗も、織部なんかわざと下手に書いてあるでしょう。その下手さかげんがほのぼのとして好まれる。子どもの絵がいいのも同じ。写真はどうなんだろう。子どもにカメラを渡して撮ってくる絵と、プロがやるのと、どこがどうちがうのか。

大石　一言では言えないけれども、余韻ですね。子どものは遊びというか、余韻というか、ゆとりというか、そういうものがたくさんつまっている。それが広がりになっていく、という感じがしますね。プロがライティングとピントとをしっかり隅々まで合わせて、イラストの絵のような写真というのもあると思うんです。表現の目的にもよりますが、それはきゅうくつで、広がりがないと感じることもありますね。

「にじみ」と「ずれ」が大事

永　あぁ、きゅうくつ。高岡の鈴（おりん）を造っている職人さんが、「鳴る」、次に「響く」と言う。それから最後に「渡る」。音が渡ってくる。「一里鳴って二里響き三里渡る」というのがいい鐘なんだ。

それを目指しているんだ、この人も。大きな鐘楼の鐘、あれは外から叩いたら響くでしょう。でも、あれは中にいると音はしないんだ。鐘の中に入っちゃうと音は聞こえてこない。

大石　ああ、そう。うるさいのかと思ったけれど、ちがうのね。

永　鳴る、響く、渡るではちがうじゃないですか。だから「渡る」の先に「にじむ」というのがあっても、日本の文化がどうしてそうなったかは別問題で、にじんだり、ずれたりすることが大事ですね。

メートル法というのはミクロの世界でしょう。何千分の、遺伝子を見つけちゃう世界だから。

尺貫法の曲尺、鯨尺で遺伝子は見つかりませんね。でも、曲尺のすごいのは、あの何尺何寸というのは、お寺の屋根のえも言えない傾斜、あれは曲尺でないとでない。メートル法でやると、きれいに円になるけれど。建物もにじんでいる。五重塔もそういう建て方をしているんです。心柱も止めてない。

大石　鉄に代表される文化のせいか文明によるものかわからないけれど、木の文化との大きなちがいじゃないですか。木はゆがんだのを生かすとか、自然ですから、アールをだすにしても、自然の中にあるものを上手に生かすことができる。けれど「鉄」というのは、そこを何ミリとかそろえないとうまくいかない、という文化のちがいはないですか。

私、ヨーロッパに行って最初に、日本は木の文化、ヨーロッパは石の文化というちがいを感じました。石は丈夫だけれど四角いですね。もちろん一概には言えないけれども。

永　時々、古いカメラ屋さんに行くのね。昔のライカは、全部、刃物みたいにきれいに直線でできている。そして日本の古いカメラは構造がにじんでいる。

大石　なるほど、たしかに。ものすごいですね、ライカの直線は。

永　切れそうだ。そういう疑問を感じる人は他にもいっぱいいると思うんです。ドイツの職人はマイスターと言うので、「マイスタージンガー」というオペラがあるんです。それは職人さんがみんなで一斉にうたいだす。日本の大工さんでうたいだすというと、木遣りしかないんだ。

大石　木遣りもいいですね。

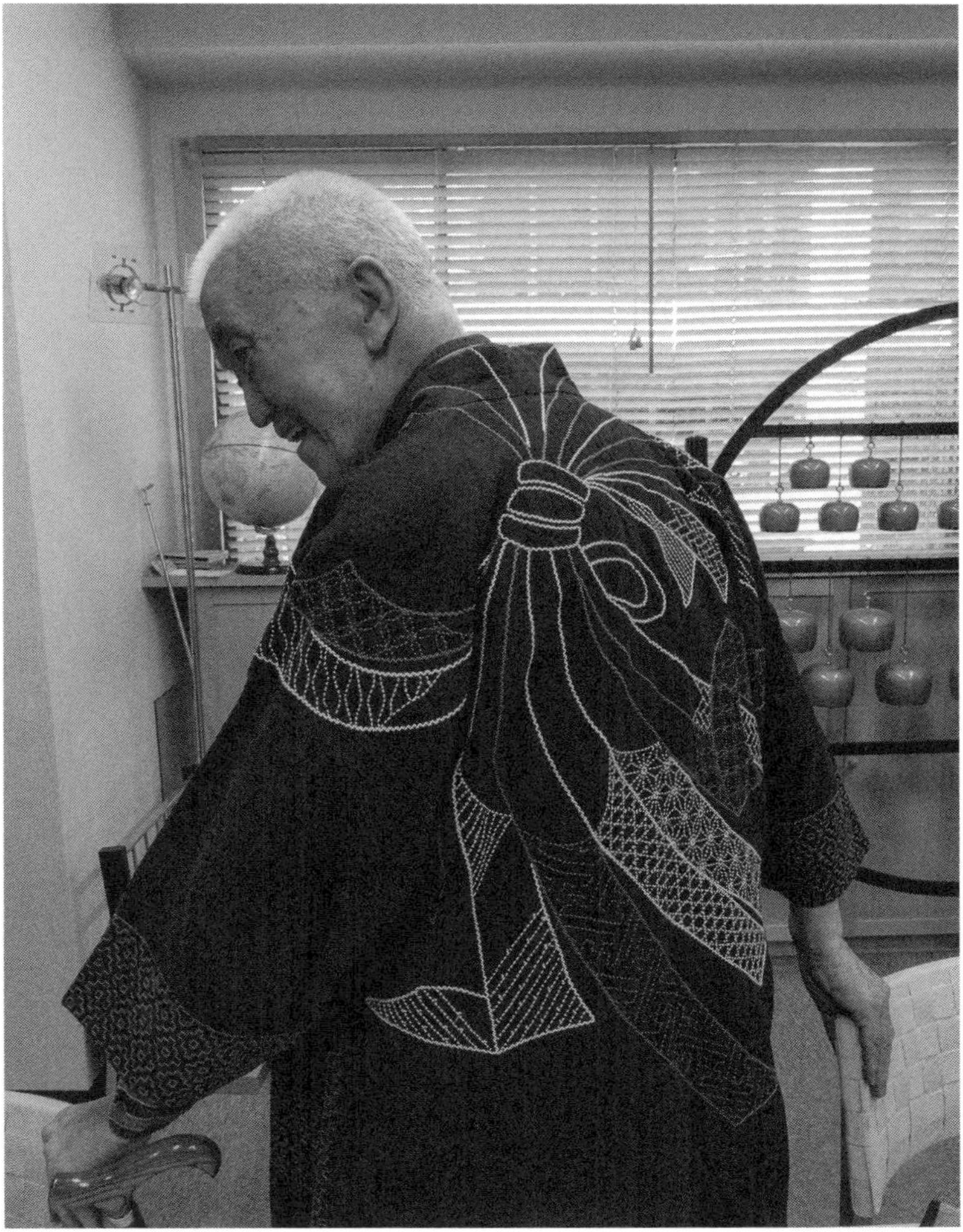

京都

2 カメラとわたし

カメラの歴史とともに生きる

生まれて初めて押したシャッター

永　大石芳野さんが、生まれて最初に押したシャッターというのは、どこで、いつだか、憶えてますか。

大石　私は目黒に長いこと住んでいて、その自宅です。

永　カメラがあるうちだったの？

大石　あったんですけれど、私が最初にシャッターを押したと自分で記憶しているのは、昔、『小学○年生』という雑誌があったんです。それに組立カメラっていう付録がついていて。紙でできていて、説明書通りに組み立てる。それでうちで飼っていた仔ネコを撮ったのが、私の記憶にある最初の写真です。

永　それを憶えているのがすごいね（笑）。それで大石さんが初めて写されたのは、カメラがあるおうちだったの？

大石　赤ちゃんの時に写真館で写された写真があります。それがとても私とは思えない（笑）。抱きしめたくなるような、私の一生の中で一番かわいい、赤ちゃんの中の赤ちゃんという写真なんです、生まれて何か月かの写真。

永　大石さん、年齢からいっても、その時、カメラがあるうちっていうのは、裕福なうちでしょう。蓄音機はあった？

大石　あったみたいです（笑）。

永　ラジオはある。

大石　はい。

永　テレビはないんじゃない。

大石　まだなかったですね。一番最初に撮られたのは憶えてないけれども、私が赤ちゃんの時の写真がアルバムにいっぱいあって、私がへの字口で泣いている写真とか（笑）、いろんな写真があります。

永　世代がちがうけど、ふつうの家にはカメラがない時代でしょう。

大石　そうですね。そして私が、父のカメラを借りて自分で最初に撮ったのは、もう高校ぐらいになっていましたね。

永　日光写真というのは、やらなかった？

大石　付録の組立カメラが日光写真みたいなものでした。ピンホールみたいなの。

永　トランプのカードぐらいの大きさの。ガラスと印画紙の上に、切り抜いたりしたものを乗せて、それで縁側で太陽に……。

大石　そうそう、その日光写真はやったかもしれないけれど、あまり写真として、自分のイメージには残ってないですね。遊びの延長でした。

永　答えにくいことは答えないでけっこうですが、僕と年齢差はいくつありますか。

大石　永さん、ちょうど八十。じゃあ、十歳ですね。

永　十歳ちがうと、ちがうな（笑）。

大石　全然ちがいます。すごくお兄さんというか……。
永　うちにあったカメラを思い出すと、バシャッと外して、蛇腹を引っぱって……。
大石　うちにあったのは、フィルムは6×6センチのサイズで、やっぱり引っ張って蛇腹を出す。
永　フィルムは巻いていた？
大石　ええ、筒になっていました。

写真を見る人に何を伝えるか

永　言葉は、自分の言葉が伝わったかどうかって確認できるじゃないですか。写真というのは、写真を撮ろうと思ったときの意思が、写真を見る人に伝わるかどうかって不安じゃない？
大石　不安だから一生懸命、相手とコミュニケーションをもって、伝えようとするんです。私の目的は、自分を伝えることではなくて、このAさんという人を、こっちの何も知らないBさんに伝えることなので、Aさんのことを一生懸命伝えたいわけです。そこに私が変に介在してくると、読者は混乱しちゃうので、なるべく私は黒子に徹するようにしているんです。

永　今、あなたは何気なく言ったけれど、写真集でも読者っていうの？（笑）

大石　そうですよ。本だから読者です。

永　本としてあつかうのと、スライドでスクリーンに大きく映してあつかうのとはちがう？

大石　それともう一つ写真展と、見せ方としては大まかに三種類ありますけど、それぞれちがいを意識しますね。

永　それはファインダーをのぞいている時に、すでに意識しているもの？

大石　ファインダーをのぞいている時は、そういうことは何も意識していないです。

学生時代のベトナムとの出会いから、写真家に

永　ファインダーを職業としてのぞくようになったのは、何かきっかけがありますか？　高校生の時には、もうカメラマンになろうとしていた？

大石　うーん、というか、大学になってからです。最初は一九六六年、私が学生時代にベトナムに行ったんです。

永　それは学生として行ってるの、それともカメラマンとして？

大石　学生として。このベトナム戦争をできるだけ早く終わらせたいという思いで、私たちに一体何ができるかというところからスタートして、向こうの学生を招いて、日本で向こうの現状を話してもらって、そして日本からは、私たちの有志が行って、向こうでなんとかこの戦争を終わらせたいという民間の学生交流をしました。

永　僕はべ平連のメンバーですけれども、べ平連はあった？

大石　六六年だから、一年前にできたので、ありました。でも、べ平連とは関係

なく、独立した学生の活動でした。あのころはベトナム戦争反対とか、それから炭鉱の閉山反対とか、高度成長と同時にいろんな問題や歪み、矛盾などが一気に噴き出してきた時代でした。それで学生運動もさかんになって、そういう時代に、私は日大芸術学部の写真学科の学生でした。様々な大学の学生が、八人でベトナムへ行って、そして向こうの学生と交流する企画があったんです。

私にとって戦争の記憶は、ベトナム戦争がはじめてです。目で見て、肌で感じる戦争というのは。こうしたことが、プロになろうと思ったきっかけともいえますね。

「デモが大事か、番組が大事か?」「デモです」

永　今、ベトナムの話で思い出したけど、ベ平連の母体になるのが、「新しい日本の会」だった。それは石原慎太郎なんです。小田実もいたし、都知事だった猪瀬(直樹)もいた。そのへんから絡みはじめて、ベ平連の中にいたんです。それで僕はそこから落ちこぼれていく。ベ平連くずれなんです。あの時期と、僕が放送にかかわる時期が重なっているんです。あの時期、デモに行くか、スタジオに行くかという板挟みになった。それでデモをやめてスタジオへ行くようになるんです。

大石　でも、ベ平連の運動というのは、別にそこに直接、自分が参加しなくても、意識をもって、別の形で参加できるんじゃないですか。スタジオから参加するとか……。

永　そのころテレビで、草笛光子の「光子の窓」というのをやっていたんです。それとデモとぶつかったの。僕は台本を書かないでデモに参加してた。それで日本テレビから電話がかかってきた。「デモが大事なのか、番組が大事なのか」と言うから、「デモが大事だ」と言った。「じゃあ、来週から来なくていい」と言われて、けんかして「光子の窓」を降りるんです。その降りるのを待っていたのがNHKのディレクターで、それで「夢であいましょう」がはじまる。

どちらにしても、あなたみたいに、ベトナムへ行っちゃった人には、僕にすると劣等感がある（笑）。スタジオへ行っているほうがよほど甘いから。気が引ける。僕は本当に考え方が甘いんですよ。

大石　これで甘かったらすごい天才です（笑）。

技術の最初から終わりまで

永　放送作家、つまりテレビの台本を書いたというのは、ぼくたちがはじめてなの。ぼくは前に先輩がいない。同じように女性のカメラマンも、あなたには先輩はたいしていない。今、あなたは大変な先輩だけれど……。人数からいっても、女性でカメラをもっているというと、めずらしかった。

大石　めずらしくはありましたけれども、でも、男とか女とか関係なく先輩はいましたから。フォトジャーナリズムというのも、大昔からあるし、それからフィルムの感度が上がったり、カメラが小型化することで、人が歩いている写真とか、動いている写真、戦争の写真とかが記録できるようになっていきました。

永　それはガラス板ではじまるんでしょう。

大石　そう、ガラス板に液を塗って濡れている間に撮影して現像する湿板で、正面から見たら反転にしか見えないけれど、横から見るとモノクロームの正像が見える。最初に発明されたダゲレオタイプという写真をお聞きになったことがありますか？　それは世界で最初の湿板で一八三九年ですから、百七十数年前に写真が生まれたということです。

永　だからそのお蔭で坂本龍馬とか近藤勇、勝海舟というのに、われわれは会えるじゃない。それはとても大事なことなんだけれども。

子どもの時、うちは寺だったでしょう。それで障子で仕切ってある部屋がいっぱいある。廊下があって、ふすまでなくて障子があって、そして畳になっている。

この雨戸から外の光が入っているんです。そうするとここに逆転した絵が写る。レンズは使ってないのに。うちの父親は、その写った絵を書くんです。

大石　それが写真のはじまりなんです。写真は画家のために開発されたといわれています。一般的にはあんまり知られてないですね。

ピンホール写真っていうのが、今流行っていて、それは雨戸の穴を生かして、こっちに印画紙をおいて撮影する。

永　そういう時代からはじまって、今の携帯やスマホの写真まで、われわれは最初から知っているわけだからね。それを今の若い子たちは知らないんです、写真以前というのを。女性のカメラマンはいっぱいいるけど、そもそもというと、知らない。学校で教えてないですね。

大石　一応教えるんですけれどね。習うけれど、どこかへ逃げてしまうんじゃないですか（笑）。

永　それが今は、フィルムがなくなって、時代が変わってきたでしょう。ぼくらの場合も、ラジオだけだったのがテレビがはじまり、テレビに色がつき、衛星放送で生中継でやっちゃうというふうに、最初から終わりまでをわれわれは体験している。今の若い子たちは、生まれた時からテレビがあるわけで、テレビを不思議だと思わない。

大石　私、子どものころにテレビができました。私はその時にテレビを見ることができたけれども、生まれた時からテレビを見ている人はどういう思考や感覚をもった人間になるんだろうと、その時思ったんです。とても不思議に思った。

永　ぼくらも同じ。みんな、家の中に箱があって、そこに知らないおじさんがいるでしょう。それを驚かないでしょう。変ですよ、人が呼びかけたり手を振ったりするのは。それに手を振り返している年寄りが増えているというからね。そういうのは変だと思わないとね。それに慣れちゃうということはどういうことなんだろう。

大石　そうですね、だから私が子どもの時に思ったことを、もうちょっと探求してみたらよかったんですけれども、その疑問は忘れて、いつの間にか今日まできてしまいました。

国技館の力士も人工着色からデジタル写真に

大石　国技館に、優勝した相撲取りの写真が、畳一畳ぐらいの大きなものが飾ってあるでしょう。あれは、つい最近までは白黒のフィルムで撮影して、ふつうの銀塩の印画紙で伸ばして、そして人工着色をしてあそこに飾ってあるんです。ところが、最近その写真がデジタルになったんですって。デジタル処理で、それでコンピュータープリントで。だからこれまでの歴史が、デジコンピュータープリントに変わった。

永　大変なことなんです。時代が変わるというのは。

大石　人工着色の職人は、日本にもうほとんどいないようです。私がベトナムに行った一九八〇年代の初めころには、そこにはカラー写真、カラーフィルムがまだ普及していなくて、ほとんどの人が、白黒で撮った写真を人工着色していたんです。私は、その時持っていたパスポート用の自分の写真を着色してもらいました。

それは、私たち日本人にはカラーフィルムが当たり前になって、着色はすでになくなりはじめていた時代です。

永　今、アナログとかデジタルってふつうに使う言葉でしょう。ぼくはアナログだと言われている。それがわからないんです。何がアナログで何がデジタルなのか。でも、みんなそういうふうに言葉として使っている。

大石　ものによってちがいますけれども、写真の世界でいえば、フィルムと印画紙というセットがアナログです。銀塩印画紙と、プラチナ印画紙もありますけれども、ふつうに使っているのは銀塩です。これまでモノクロームでもカラーでも、このセットできたのが、全部なしになって、電子カメラ、要はデジタルカメラで撮影して、パソコンで処理され、私たちの目の前に、銀塩で撮った写真のように現れてくるという時代に替わりました。

カラーフィルムは進駐軍から

大石　天然色カラーというのが、カラーフィルムのことですね。昔、映画で、天然色カラー映画というのがありましたね。

永　部分天然色と総天然色がある。

大石　あぁ、総天然色映画ってありましたね。でも、カラーフィルムは戦前からあったようですが、高いからめったに使わなかったのでしょうね。

永　ぼくが知っているかぎり、日本人でカラーフィルムを最初に使ったのは大竹省二。マッカーサー司令部に行って、進駐軍からもらうんです。そのぐらい新しい。

大石　大竹さんは戦後だけれど、アメリカには戦前にもあったんですね。たまに目にします。

永　アーニー・パイルも従軍写真を撮らされていたんです。これで撮れと言われて、それがカラーだった。カラーフィルムだからカラフルだと思ったら、カラフルじゃない。妙に茶褐色の濃淡……。だけどそこに緑や白はないでしょう。あれもよくわからない。

大石　三原色ですべての色を表現できると言うけれど、どうしてだろうね。

永　一色ずつ重ねていくから、プリントの時に二色にだってできる。そのせいかしら。

永　最近、ゼンザブロニカってある？　あれはすごかったね。大きかった。

大石　あれは6センチ×6センチで、ブローニー・フィルム。ハッセルブラッドの後にできてよく似ていますね。

永　古いカメラだけあつかっている写真屋さんがあるじゃない。あれはフィルムも売っているの？　フィルムはもうない？

大石　もちろんありますよ。私はフィルムを使っていますから。

永　新宿の西口、あそこは昔、浄水場だった。だから水をふんだんに使う工場が、そこへ大きく造られた。その中に小西六があって、桜並木がきれいだったんで、フィルムにサクラという名前がついた。

大石　小西六が日本で一番古いんです。もう百十年以上になりますね。

永　そのころの写真道楽というのは、貸切であちこち出かけて撮ってた。だから本当にめぐまれた人しかカメラを持っていなかったんです。大石さんは、今、お宅に暗室がある？

大石　あります。

永　たいていふすまの中に入るか、戸だなの中に入ってやっていたね（笑）。

大石　学生時代は部屋に暗幕を張って、徹夜で、もちろん電気を消して、徹夜でプリントするんですけれども、朝になると暗幕から光を通してくるので、それができなくなるんです。よくそれで、課題が間に合わなかったとか、そういうことがありました。

永　大石さんは、スピグラ（スピードグラフィック）を使ったことはある？

大石　ないです。木製ボディの恰好のいいカメラで、指をくわえて眺めていました。

永　あれは新聞社だけ？

大石　だけではないけれど、高価なカメラでしたから。一九四七年ころにアメリカで作られた4×5ぐらいの大判フィルムでのカメラですね。

永　新聞社は全部スピグラ。だから新聞社のカメラマンは、事件だというと、スピグラを取りに行って、走るんです。そのころのカメラマンが、まだ読売に何人もいるの、おじいさんで、昔、スピグラで働いたという人が。そういう仕事をしていて、最近はカメラマンは外へ出ないんです。撮った人がどんどん送ってきてくれるから。誰でも送ってくる。だからいわゆるカメラマン魂とかは……。

大石　それはまだ残っていると思うけれども、読者の協力というのを、一生懸命やっていますね。

永　そういうふうになってくると、何が足りなくなって、何がなくなって、という話ができますね。それはいいことなのか、悪いことなのか。

大石　デジタルは簡単で、撮ったらすぐ見られるし、嫌なら消すことができるし、どんなのが撮れているかわかるから、撮影している時にどぎまぎすることはあまりないんです。ところがフィルムは、撮影しても、これが撮れているか撮れていないかというのがよくわからない。だから私がフィルムでガンガンやっていたころは、いつも撮ってカラースライドを現像所に出して、上がってくるまで心配で寝られないんです。失敗していたらどうしようって。

永　こういう話は年寄りでないとできないよ。

大石　そうなんです（笑）。

TBS スタジオ（東京・赤坂）

TBS スタジオ

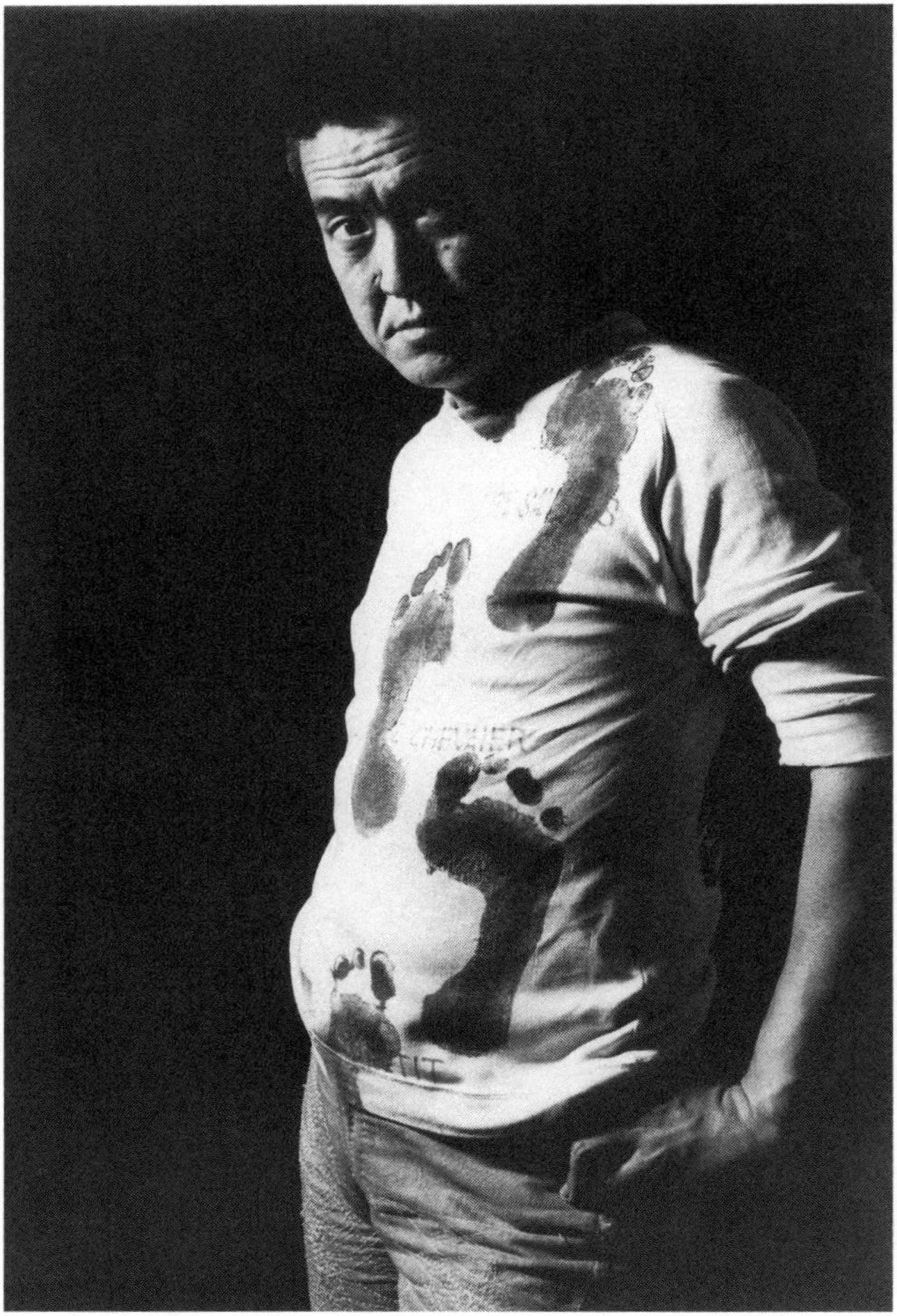

TBS スタジオ

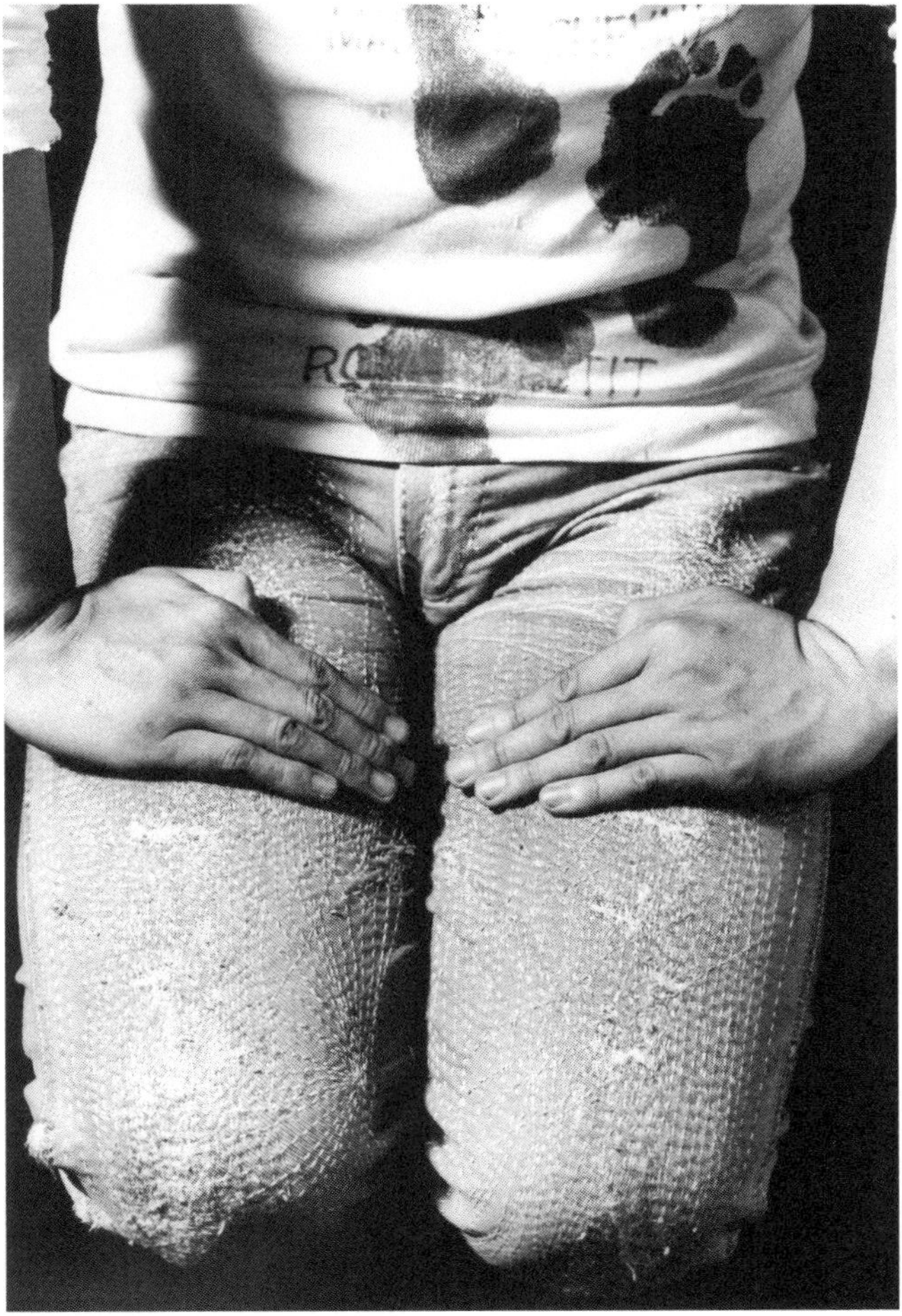

TBS スタジオ

TBS スタジオ

TBS スタジオ

写真は人間をいかに変えるか

撮る方も撮られる方も人見知り

大石　今、私のカメラはフィルム用ですけれども、デジタルカメラも併用して撮っています。予備だったり記録用だったり、ですけれども、どのように写っているのはわかりますすね。そうするときっとこっちの本番のフィルムでも、このように撮れているんだろうというのがありますから、今では心配で寝られないということはないです。でも、昔はデジタルもないし、ポラロイドで撮ってテストをすることもありましたけれども、それは少なかったですから。

永　福島の写真がありますね。ぼくもつながりがあって福島と宮城は何か所か行っているんです。たくさんのカメラマンが来ているじゃないですか、今の福島を撮ろうとして。大石さんは早くから入っていたから……。

大石　震災の一か月半後です。この時は少々体調を崩していて、すぐには行けなくて間があいてしまいました。

永　今みたいにカメラマンがたくさんいるという状態は、カメラマンから見ると、写真撮りすぎじゃない、ふつうの人が。

大石　被災地にまず行っているのは、ムービーは別として、新聞社、雑誌社の人ばかりでなく、依頼されたフリーの人とかもワッと行きますね。そうすると、私は遠慮しちゃうんです。地元の人に悪いんじゃないかと思って。

永　撮るのが恥ずかしいでしょう。

大石　撮る時はもう、向こうも人見知りしますけれど、私もけっこう人見知りするから（笑）。お互いに人見知りして、慣れないとなかなか……。

永　オリンピックの中継を見ていると、ロシア人は写真撮られるのが好きだね（笑）。

嫌がる人は一人もいない。

お葬式でVサイン?

永　たとえば、写真撮る時に、「はい、チーズ」って言うじゃない、日本じゅうで。チーズなんて日本人はそんなに食べたことがないものでしょう。「アンディ・ウィリアムズ・ショー」というテレビのショーがあって、その提供スポンサーが、チーズだったんだ。それで最後に必ず、「じゃあ、来週、チーズ」と言うのをみんながまねして……。

大石　そうなんですか、あれからチーズになったんですか。「ち」ってなるからだと思ったんですけれども、バターと言わなかったのはスポンサーのせいね。

永　バターと言ったのは寅さん。

大石　そう。寅さんだけ。

永　そういうのって、どうしてチーズと言うのか、それから「一、二の二」が笑うからって、やっているじゃない。ああいうものが習慣になっていって、誰もがおどろかないでやっているというのが不思議なの。

大石　Vサインは指を二本立てるでしょう。でもちょっと前までは、写真を撮る時にVなのかピースの意味なのか、指を二本立てることをしなかった。このごろはおとなから子どもまで。

私、チャウシェスクの動乱の時ルーマニアに行って、チャウシェスクの軍隊に、二日前だったか、殺された人のお墓に家族が集まっていたんです。みんな泣いている。ちょっと声をかけて話を聞かせてもらい、その後で撮らせてもらいたいと頼んだら、並んだところを撮ってほしい、と言われたんです。いいですよと言ってカメラを構えたら、十歳位の男の子が、Vサインをしたんです。私はびっくりして、ピースじゃないでしょう、あなたのお兄さんが殺されたんでしょうって、思ったんです。逆に私が外国人だから国際的にVをやるといいと彼らが思っていて、ピースサインをしたのかしら、と。

永　ピースサインは、イギリスのチャーチルだよね。チャーチルを見て、みんながまねしはじめた。

大石　でも、チャーチルの時代からそれまでのあいだは何十年もあって、少しずつはやっていたかもしれないけれども、家族が亡くなって、写真を撮る時にピースはないでしょう。

永　あれは、がんばろう、勝とうと。ビクトリー。

カメラは自分の意識に蓋をしちゃう

永　今の子どもの話はとても重い話だけれど、嫌な話でいうと、ナチスが人を処刑するときに、カメラを見るとみんな冷静に胸を張って十三階段を上がっていく。

大石　えっ、もう一度。ナチスの処刑のとき、処刑される人にカメラを向けると、その人は抵抗しない？

永　抵抗しない。立派にというと変だけれど、堂々と。写されるということがどういう意味があるか、大石さんの子どもの話は、子どもは全然わかっていないわけだよね、その状況を。状況のわかってない人がＶサインをしたり、チーズと言ったりするのはいいけれど、わかったらできないことってありますね。

大石　だからナチスの処刑で、首つりがずらっと並んでいるところの横で、ナチスの兵士がにこにこ笑って写されている写真が残っていますね。

永　さっきの寅さんの話で言うと、寅さんがカメラを買ってくるんです。それでお葬式をやっているところへ行って、カメラを買ってきたから、笑って笑ってって、亡くなった人の前で言う、というギャグをぼくは作ったんです（笑）。

大石　あぁ、あれは永さんのアイデアなの。だからカメラを向けると、一瞬、今、自分がどんな状況にいるかを忘れてしまうというのがある。今、自分が本当は何をしなければならないのかも忘れてしまって、カメラを向けられると笑わなければいけない、ちゃんとしなきゃいけないというのが、バッと頭の中でふくらむんじゃないかと思うんです。

それをとても感じたのは、ある女優さんが薬物の件で逮捕されて、留置所に入れられて釈放されたときに、報道陣がいて、カメラがバーッと彼女の方を向いていたら、にっこり笑ったんです。あれってやっぱりカメラの前では笑わなくてはいけないというのが、一瞬、無意識のうちに出たんだなと私は思ったんです。カメラというのは、どこかで一瞬でも自分の意識に蓋をしちゃうのかもしれませんね。

永　怖いね、この話は。

撮られ方を知っている人、知らない人

永　撮る人がいて、被写体があって、背景があって、そのあいだに大変なドラマがあるのを大石さんは写しているけれど……。

大石　私がポーランドに行った時の『夜と霧は今』という写真集がここにありますが、前半は元囚人の生き延びた人たち、後半は今の生活のなかの人たちを撮っています。その今の、収容所に直接的には関係のない家族みんなの写真を撮る時に、彼らは、みんなバラバラの方向を見るんです（笑）。

私、そこで思ったんです。彼らはいつも鏡を見ているのね、おそらく。それで自分の顔がどういう角度が一番いいかというのを知っている。私は、「はい、こっちを見

てください」って言ったりもしたんですけれども（笑）、それでやむをえず、私の方を見た写真もあるんですけれども、わざとらしくてあまりよくない。バラバラなのに、決まっていたんです。

永　写真館で結婚式の時に写真を撮るじゃない。そうすると手をこうして膝の上においてと、向こうが決めるじゃない。それでいろいろしながら、マグネシウムを焚いたりして、一斉にカメラを見てもらうでしょう。ああいうシステムというのは、坂本龍馬もやられたのかね（笑）。

大石　坂本龍馬は斜め上を見て（笑）。昔は、フィルムの感度が低いから、龍馬より以前はシャッタースピードは一分とか、絞りによっては長くじーっとしていたし。そして背後には動かないようなつかえ棒で支えたり。だから正面を向いて、固まってる写真が多いですよね。

そして速いシャッタースピードにも耐えられるくらい感度（ＩＳＯ）が上がってくると、フィルムとしては、今、一六〇〇というのがありますけれども、増感すれば二倍にも三倍にもなります。

永　シャッター速度は。

大石　二〇〇〇分の一秒とか、もっとあるかもしれません。だから航空写真や波の動きを撮ったり、スポーツも目には止まらないようなシーンまでも撮れている写真がありますが、速いシャッタースピードだから撮れるんですね。デジタルカメラになったからこそです。

二十代半ばに、広告写真はやめると決心

永　ぼくは数でいうとあなたの写真が一番多いんです。

大石　たくさん撮らせていただいています。

永　デザイナーの田中一光さんの家でみんなが集まっている時に、和田誠、灘本唯人、山下勇三らがいて、あなたが急に「失礼します」といって帰ったことがある。それで「お仕事ですか」と言ったら、あなたが「コマーシャルの写真です」って。そう言ったのを聞いて、なんだろう、それと思った。一般的でなかった。知らなかった

の。

大石　二十代のころは広告写真をしていました。収入が多かったですから。そうでないと、カメラも買えなかったし。四十年以上前ですが。

永　いろいろやって、だんだん今の仕事に近づいてきたの？

大石　そうじゃなくて、私は両方やっていたんです、ドキュメンタリーと広告と。広告写真は同じ時間と労力をかけて、雑誌の収入の五倍以上あったんです。私は社会人になりたてで、パトロンはいないですから、自分で稼がないといけない。それで広告で稼いで、カメラやレンズを一つ一つ買っていた。ただ、私は、写真としては広告写真は好きなんですけど、自分が広告写真の世界で撮っていく、ということに疑問を感じました。それで私は広告写真は止めようと、二十代の半ばぐらいに決心したの。

三十代になってからはそれまでのつながりの広告写真を一つ二つはしましたけれど、他は一切止めた。だからそこから貧しくなっていったのです（笑）。

東京オリンピックのポスター写真の迫力

永　今、また思い出した。その時に田中一光さんの事務所に貼ってあったポスターというのが東京オリンピック。デザインが亀倉雄策。

大石　あぁ。写真は早崎治さんですね。

永　あの当時、すごいポスターだと思った。

大石　六四年の時はまだ学生でしたが、それが話題になりましたね。

永　このごろ、何十年も昔のことを断片的に思い出すんです（笑）。それが頭にくっついちゃう、しばらく。

大石　早崎さんは広告写真家で、とてもいい写真を撮っていました。あこがれました、ああいう写真が撮りたいって。オリンピックの写真では、水泳と陸上競技の短距離などがあります。その撮影も何度もやり直したそうです。ドキュメンタリーだと一回勝負です。何回も何回もやりなおしてもらうことはほとんどできない。広告は、今はデジタルで、いくらでもコンピューターで画像の改造もできるでしょうが、あのころは、その場のシャッターチャンスにかかっています。だから被写体とカメラマンのシャッターチャンスが合わないと失敗ということになるんですね。

永　あれは当時にしても、すごいポスターですね。あの東京オリンピックのポスターというのは、全部そろえてあったらすごいと思います。

大石　すごいですね。とても迫力のある写真でした。早崎治さんは、コマーシャルでも、物撮りをしていたかもしれないですが、メインは人物で、とても力強い写真を撮っていました。

永　それがポスターでしょう。映画は市川崑が作っていた。その市川崑のアシスタントをしていたんです。崑さんのそばにずっといたの。だから「トッポ・ジージョ」って、あの台本はぼくなんです。東京オリンピックに関わった人は、もうみんないないね。

大石　昔は映画も写真も腕が勝負だったと思うのは、映画監督の神様と言われた黒澤明の『八月の狂詩曲《ラプソディー》』の中のワンシーンで、全部アリを集めてきて、アリが木の上から行列で動いてほしいと、黒澤さんご自身が考えた。そのシーンだけに三日とか四日かかったんですって。ところが、使ったのは数秒。だからそのエピソードを聞きながら、今だったらCGであっという間に部屋の中で作るのに、あのころは腕が必要だったんだなと思いました。写真も東京オリンピックの写真が力強くて、みんなの印象に残ったのは、あれはストレートで撮っているからですね。あれが合成したりしていたら、迫力は出なかったと思います。

永　田中一光さんは、大阪のサンケイ新聞の、記者でなくて走り使いのようなことをしていた。そしてサンケイビルが新しくできてきて、たくさん人が来るから、お手洗いはこっちとか、誰かはこっちとかいうのを書いて貼ったの。それを見た鴨居羊子が、このちらしを書いたのは誰だって言って、それが美術にいきなりころがった。それでサンケイホールのポスターを全部一光さんがやって、それがきっかけで東京に出てくるんです。

大石　あぁ、そーお。

永　いい話なんです。鴨居羊子という人はファッションデザイナー。亡くなってずいぶんたっている。

松本（長野）

伊東（静岡）

名張（三重）

小松（石川）

不当処分撤回

小松（福井）

倉敷（岡山）

甲子園（兵庫）

小豆島（香川）

秩父（埼玉）

3 ぼくとラジオとテレビ

芸とは何か

自分を撮る写真家の心理

永　画家は自画像が多いでしょう。写真家で自分を撮っている人は、どうやって撮っているの。

大石　どうやって撮っているかは人それぞれでしょうが、いろんな写真家が「自分の写真を撮る自写像」というテーマを与えられて、写真展をやったことがあるんです。それで私は最初、若いころはスタジオで撮ったんです。いわゆる肖像写真として。そして二度目にまた頼まれたときは、シルエットで撮ったんです。三回目は写真展ではなかったけれど、自分を撮るというテーマで、影を撮りました。それは沖縄の今帰仁城跡の階段のところに、自分がカメラを下げてかまえている影が夕日で長く階段に伸びて写っていたので、それを撮って自写像として出したことがありました。

私はそれだけですけれども、たとえば女性でも男性でも自分をヌードにしたり、いろんなめずらしいものを着たりして、どうやって撮っているかわからないけれども、自分を撮って展覧会をしたり、写真集を出したり、雑誌のページを作ったりしている人がいます。その精神構造は、私は理解できないですけれど（笑）、いることはいるんです。

永　女優さんなんかで、こっちからだけ撮って、こっちはだめって言う人は、あれは自分の嫌な部分を知っているから？

大石　そうでしょうね。いろんな写真を見たりして、自分はこの角度が一番美しいというか、そういうことでしょうね。作家にもいますよ、そういう人。

永　五木寛之（笑）。カメラマンにやたらに注文をつける。

大石　私は一度だけ仕事をしたことがあります。注文をつけられたことはなかったけれども、そのことは知っていましたから、もしかしたらそのとき私は気にしながら撮っていたかもしれないですね。

永　写真って何だろうと。写真を撮るということ、撮られるということの意味がね。

大石　永さんはどうですか。この角度でないとだめとか。

永　それはない。早く終わってほしいと思う（笑）。カシャカシャ何枚も撮るなって。

大石　それは二通りあって、私の場合でいえば、ひとつには、何枚も撮らないと相手が落ち着かないとき。それからもうひとつは自分が失敗しているの。今はピントが自動で合いますが、昔は手動ですから、相手の目に合わせようと思っていても、鼻に合ったり、肩に合ったりして、微妙にずれたりするんです。そうすると今、よかったのにピントがだめだったなと思いながらもう一回撮ったりして、それで何枚も撮る。だから自分の調子があまりよくないときに何枚も撮るということはあるんです。

その人の何を撮り、何を伝えたいのか

永　撮られる側の心理と、撮る側の心理のちがいがあります。それと、写真とはちがうけれども、山藤章二が描く人と、和田誠が描く人は、同じ人でも全然ちがうでしょう。山藤章二は悪意があるけれど、和田誠はまったく悪意がない。そういうことが写真の世界にもあるのかなと思ってね。

大石　ないとは言えないと思いますけれど、ドキュメンタリーの場合はテーマにもよりますね。その人の何を撮りたいかということで、たとえば和田誠さんのように、その人のもっているいいところだけを撮ろう、できるだけきれいに魅力的に撮ろうというのと、その人が抱えている何かどろどろしたものとか心の底に抱えているものを吸い上げるように撮ろうというのでは、シャッターチャンスが変わってきます。

永　なぜその話になったかというと、大石さんの写真集は、表紙が世の人を見つめているというか、目が合いますすね。そうすると、撮ったあなたと、いろんな国の人

とのあいだをつないでいるものは何だろうと思うんです。

大石　それはテーマによってちがいますね。

永　大石さんらしいというのは。

大石　私らしいというのは何だろうか、ふと考えてしまう……。

永　これを表紙にしようと選ぶのも、イメージでいうと。

大石　私らしいという個人的なことではなく、確実に言えることは、この一冊で、あるいはこの写真展で、私は何を伝えたいのかということですね。彼の地の人たちを知りたいから訪ねた、知ったから撮影したわけで。撮らせてもらった彼らに対しても責任がありますから、蔑《ないがしろ》にはできない。そういう意味で、彼の地の人たちが抱えていることを、時には問題を、端的に写し取ることができた写真をメインにしたいと思っています。

作詞のタイトルは考えない、全部一行目から

――永さんが作詞された曲は、タイトルも永さんが考えられたんですか。

永　タイトルは考えたことはない（笑）。全部一行目。作曲家がそこだけ取って、譜面に書いてあるのがそのままタイトルになっている。「上を向いて歩こう」でも、「こんにちは赤ちゃん」でも……。自分で作詞したのはあまりないんです。（中村）八大さんの譜面が届いて、そこへはめこんでいく。ぼくは谷川俊太郎を尊敬しているけれど、谷川俊太郎は一行でも変えたら嫌なの。ぼくはご自由に、どう変えても、切っても、何も言わない。だからやめるのも簡単にやめられた。言偏に寺の「詩」と、言偏に司の「詞」。ぼくは作詞家だった。谷川俊太郎は詩人。谷川さんとのおつきあいは古くて、二人で一つの詩を書いたこともあるんです、神戸の震災の時、被災した障碍者を助けるというボランティアのために。それは住井すゑさんが、二人でやりなさいと。住井さんが、そんなことは関係なく、二人でいるんだからやりなさいと言って、「はい」

と言ってやった。だから詩人じゃない。

ぼくは何もしたことはない。たまに藤浦洸とか西條八十とか、あのへんに呼ばれて、「君のは詩でも何でもない。ふつうに使っている会話を並べただけじゃないか」というのがあって。ぼくも、「そうですよ、詩じゃないですよ」って。

「遠くへ行きたい」でも、「こんにちは赤ちゃん」でも、そこらで使っているふつうの言葉でしょう。ふつうの日常会話が並んでいるだけなんです。

最近、おもしろがって、日本の歌を分析していくと、「あなたが好き」というのと、「会いたい」というのと、その二つのどっちかがテーマなんです。その「会いたい」というのを、ずっと七十四回並べて、それを作曲してもらって、今、シャンソン歌手が歌っています。歌詞を憶えやすい、全部「会いたい」だから。ところが、著作権協会がそれでは困るんです、作詞じゃないから（笑）。どうすればいいかゴタゴタした。でも、それですむんだもの。「会いたい」という歌は、「会いたい」というのをくり返せばいいんだもの。

ふつう、作詞作曲というのは、いろんな作曲家と仕事をしたいんです、いろんな作詞家と仕事をしたいんです。ぼくはいずみたくと中村八大しかいないんです。二人とも学生時代の友だちというか、先輩だったり、だから他とちがうんです。作詞家だと思ったことないから。だから辞めて三十何年になりますけれど、ちっとも惜しくない。またやりたいと思っていない。詩人は詩を書き続けますけれども、作詞家は辞めます。ぼくは谷川俊太郎が大好きなのね。友達です。あいつは詩人です。だからいい詩がいっぱいあるんだけれど、彼は作詞家じゃない。でも、作詞家として尊敬してくれている。

同じ話を百回すれば芸になる

永　小沢昭一とのおもしろいエピソードがあるんです。小沢昭一に送られてタクシーに乗ったら、そのタクシーがぶつかって横転したんです。その話をぼくがすると、みんな大笑いで聞いてくれたんです。ぼくは、同じ話は二度しないというのが一応主義なんです。そうしたら柳屋小三治が、「永さん、同じ話を何度もしてください。それを百回したら芸になりますから」と。芸ってなんだというのがあるけれど、そう言われて、それから同じ話をしてるんです。

「だれかとどこかで」を遠藤泰子とやっていたでしょう。四十六年やって、今年やめたのね。その四十六年に同じ話をしたことがない、一回もしたことがない。四十六年、毎日。そして今は、うける話は何度でもするようになったら、ちょっとボケますね(笑)。

芸っていうのは、いたずら。いたずらって、言わないとできないじゃない。物を作る人でも、書く人でも、小沢昭一は「遊びです」と言っていましたね。

三木のり平さんという好きな人がいたんです。そして別役実という、これも好きな劇作家がいるんだけれども、のり平さんのために別役が書いた本があるんです。のり平さんしかできないという……。幕が開くと、舞台の真ん中にバケツが置いてあって、そこへのり平がヒョヒョロと出てくる。のり平は飛びこめるところがあったら飛びこんで死にたいと思っている。そういうナレーションが入って、足元のバケツの中に身を投げようとする。それを何度もぐるぐる回りながら、いつ飛びこむかというだけで、客が息をのむんです。飛びこめないですよ、そんなバケツの中に。でも、飛びこむと思わせちゃう。だから、フッとやって、お客がハッとなる（笑）。芸ってそういうもの。

大石　それは象徴的ですね。怖いですね。それはでも、ゆとりとか、そういうのではないですね。

添田知道・桃山晴衣と演歌の歴史

永　小沢昭一さんは演歌もよかったですね。

――添田唖蟬坊《あぜんぼう》が作詞した「金金節」を小沢さんが歌っているCDがあります。

永　唖蟬坊の息子の添田知道さんにはずいぶんかわいがってもらいました。知道のめんどうをみた桃山晴衣さんとも、ずいぶんつきあった。桃山さんを紹介してくれたのは、鶴見俊輔さん。鶴見さんがつきあってくださいと連れて来た。

桃山さんの旦那の土取利行さんは、演歌の歴史をずっと調べてます。いま演歌と言われてるのは、じつは男女の情愛を歌う「艶歌」のことで、唖蟬坊がやった「演歌」とは違うものだった。そういう意味で言うと、芸そのものでなくて、立川談志がいなくなったというのは、やはりもったいない。

大石　何でおつきあいがあるんですか。

永　桃山晴衣さんは桃山流という家元の娘なの。桃山流というのはサクラカラーの小西六と血縁のある人です。全国のお祭りをいっしょにずいぶん歩きました。三重県の桑名に石取祭という祭りがある。そこへ桃山晴衣が通っていたんです、その祭囃子を録るので。ぼくなんかわからないけれど、古い曲を演奏するので。あのへんは太鼓の業者が多いんです。太鼓というのは被差別部落の産業なんです。

大石　『ある精肉店の話』という映画の中で、ウシの皮を、太鼓にしていました。あの映画はよかったですね。

永　その前に佐渡で鬼太鼓座を作って、それで太鼓がない、高いから。材木も高いし、ウシが手に入らない。それを大量に作ってくれたのが、浅野太鼓という金沢の太鼓屋なの。今、日本じゅうで太鼓叩くようになっている。たいてい鬼太鼓座出身が日本じゅうに散らばっているから、太鼓の叩き方が全部、鬼太鼓座になっている。その初期のころに桃山さんは手伝っているんです。

大石　福島に山木屋太鼓というのがありますが、山木屋は、放射能が濃くて住民は今でもほとんど戻れないんです。そこの若者から子どもまでが、「山木屋太鼓」というグループを作って、鬼太鼓座出身の林英哲さんと同じ舞台で演奏したのを観ました。とても迫力があってすばらしかった。

毒蝮三太夫さんと
TBS（東京）

小沢昭一、野坂昭如、中山千夏さんと
日本武道館（東京）

小沢昭一さんと
長瀞ラインくだり（埼玉）

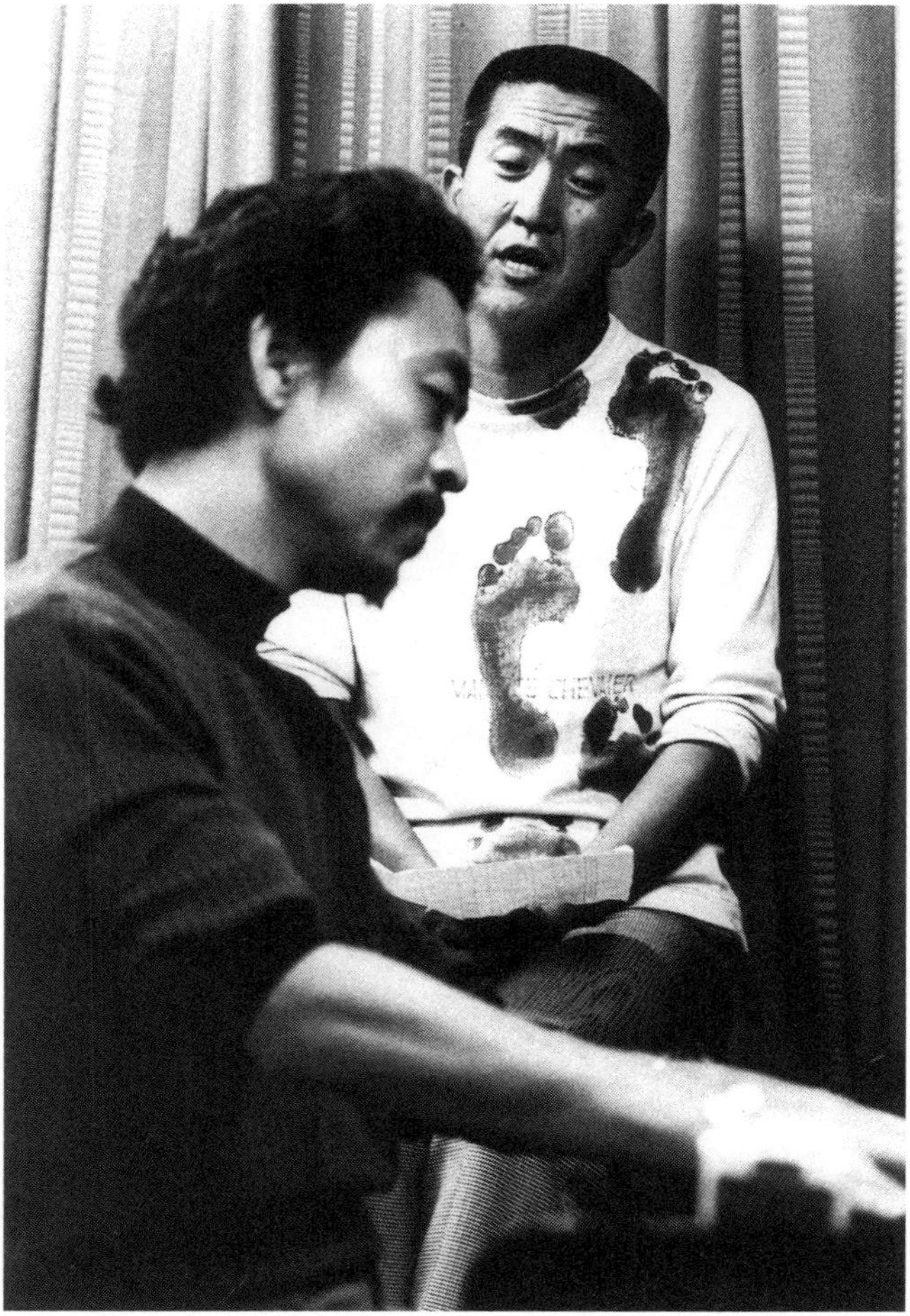

中村八大さんと

田中一光、遠藤泰子さんと
箱根（神奈川）

和田誠さんと
豊川稲荷（東京・赤坂）

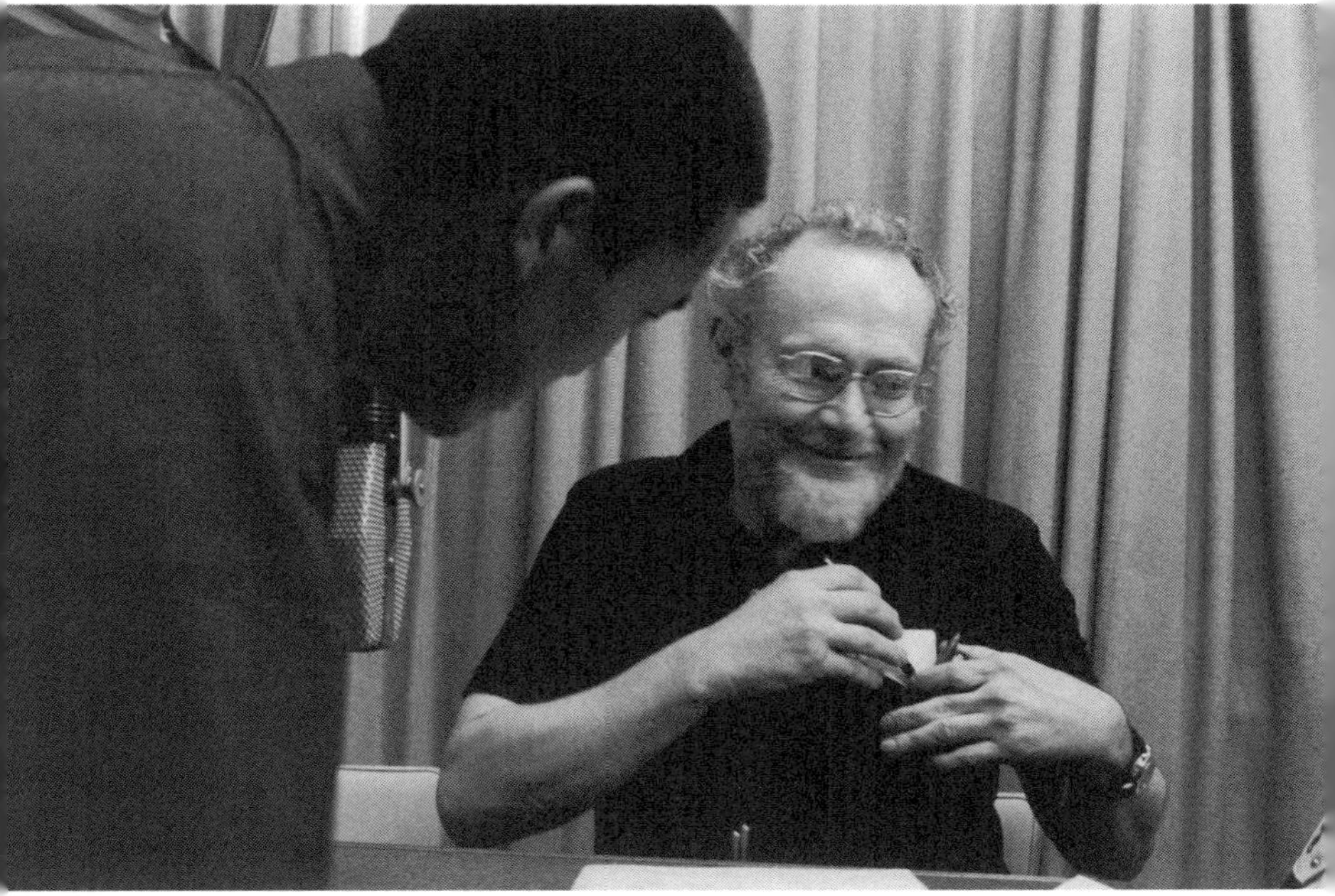

写真家ユージン・スミスさんと
TBS スタジオ（東京）

片野元彦さんと

羽黒山（山形）

沖縄と原発

復帰前の沖縄へ

大石　沖縄は、永さんは私より長い。最初にいらっしゃったのは何年ですか。

永　ドルで行った。パスポートを取って、鹿児島から船で、先島まで行ったんです。

大石　復帰が七二年だから六〇年代ですね。六八年のコザ暴動の時はもう行ってらした?

永　うん。それも変な理由があって、尚王朝の国宝に準ずるものを全部、東京の浅草、台東区が持っていたの。時々、それを公開していたんだけど、それを沖縄に返したんです。首里城を新しくつくりなおしたじゃない？　それは台東区が尚さんから買ったんです。尚さんは今どうしているかな。一時、沖縄料理屋さんみたいなのをしていたね。

大石　東京で？　そうですか。そんなに昔に、私が沖縄に行きたいと思いながら行けなかった頃に、もう永さんは沖縄に行っていた。

永　行っていて、「ジャンジャン」をつくって、その時に筑紫哲也がもう那覇にいたから手伝ってもらって……。

大石　そうですか。そんなに古いのね。そのころの沖縄というと、まだ米軍がおおぜいいたし、ドルだし、車は右側通行ですね。だから復帰して左側通行に変わったばかりの時に、みんな混乱したと言ってましたけれど、そんなことも目のあたりにされているんですか。

永　あのころの琉球バスの車体が、そのまま東南アジアに行っているんです。

大石　そう、左ハンドルですものね。

永　ぼくは沖縄に通いました。受け入れてくれる人たちが、永さんは『沖縄タイムス』とか、『琉球新報』というふうに分けちゃうのね。そのことに最初は慣れなかったけれど、黒柳徹子とチャリティみたいなことをしたんです。そして基地の問題で募金活動をして。お金が何十万か集まったんです。それをぼくが『新報』と『タイムス』の両方に分けて寄付した方がいいからと言って、真っ二つに切って、片方は『新報』、これは『タイムス』と、それぞれ寄付の窓口があって、その翌日の『タイムス』は、永六輔と黒柳徹子がお金を寄付して帰ったと。だけど半分というのは『新報』も『タイムス』も書いてないんです。だから「残りの半分はどうしたんですか」と言われたんです。そのぐらい、琉球と沖縄の問題は気を使うんです。

淡谷のり子が二度だけ泣いた

永　座間味と慶良間が国立公園になったでしょう。慶良間に灰谷健次郎さんの家があって、通ったんです。あそこは集団自決させられた洞窟があるでしょう。そこへ行ったら、「永さん、淡谷さんに会うことはありますか」というおばあさんがいて、「時々会いますよ」と言ったら、「淡谷さんを好きなファンがこの島にもいると伝えてください、いつまでもお元気で」と言われたの。それを淡谷のり子にぼくが言った。そうしたら「その島に行って、そのおばあちゃんのために歌いたい」と言うから、淡谷さんと慶良間に行って、それを実行したんです。海岸のところで。

だけど、ちょうど台風が来た。それで「どうしよう」と言ったら、「台風が来ても私は歌うから」って淡谷のり子が言うから、「わかりました、やりましょう」ということになった。おもしろかったのは、あの人はものすごいつけまつ毛つけている。「永ちゃん、つけまつ毛が飛んだら、それを拾ってきて」と。高いつけまつ毛を二重三重にもしている。手に入らないからって。それでぼくは歌っている下にいて、つけまつ毛が飛んだら拾いに行く態勢でいたの(笑)。

けっきょく飛ばなかったんだけれど、目を見てると、涙がぽろぽろ出てくる。淡谷さんは泣かない人なんです。なので「今日、泣いたでしょう」って言ったら、「泣かない」って言う。ぼくは目を見ているんだから、「つけまつ毛が飛ぶか飛ばないかと目を見ていたんだから、ちゃんと涙が出てきたのを見てる」と言ったら、「じゃあ、泣いた」って言う。「私が泣いたのは二度目」。一度目は知覧の特攻隊で歌っている最中に、突然、何人かが立ち上がって、「行きます」と言って出て行ったんだって。そのまま飛んで行った。それを知った時に泣いたというから、「その時、泣いたのと、慶良間のおばあちゃんの二回だけよ」と言ってね。それを今思い出した。

大石　あぁー。そのおばあちゃんと淡谷さんはもともとの知りあいとかではなくて、ファン。そのファンのために……。

永　淡谷さんは変な人で、沖縄に通っていたんです。下着は米軍キャンプの中のPXで買うの。大きい……。

大石　あの方は大きいですものね。

永　それで「ジャンジャン」があったでしょう。そこに何度も行った。

大石　慶良間の海はとてもきれいで、国立公園になってよかったと思うし、慶良間の住民もよろこんでいるだろうけれども、慶良間と聞くと戦争を思い出してしまいますね。集団自決だとか……。

永　しかも手榴弾を渡したんだから、これで死ねと言って、軍隊が。

大石　そうなんですよ。たくさんの人から話を聞きました。

永　それを淡谷さんは知っていたものだから、どうしても行きたいと言うのでね。

水上勉の原発反対運動

永　淡谷のり子という人は、いっしょに旅をしてあちこちに行ったけれど、おもしろかった。水上勉が若狭にいたころに、あの人は京都のお寺で修行して、坊さんになるか学校の先生になるか悩んで、寺からいっぺん逃げ出すんです。それで京都の町を歩いている時に、淡谷のり子のレコードが聞こえてきて、お寺へ入っちゃうと聞けないじゃないですか。それで寺をやめて、町に出て、淡谷のり子が聞ける世界にいたいという人だった。

そのことがあったので、若狭で竹人形の劇場を作った時に、「ここで淡谷さんに歌ってもらいたい」と言うから、その話をして、いっしょに連れていったのね。そうしたら若狭の駅で、車いすを持って、水上勉が迎えに来ていた。淡谷さんは絶対に車いすに乗らないの。不自由でも、乗らない人で、まずいなと思ったのね。水上さんに、「淡谷さんは乗りませんから、車いすが見えないようにしてください」と言ったら、その時の水上さんのセリフが、淡谷さんのところに行って、「私が押す車いすに乗ってください。私は日本で車いすを押すのが一番うまい作家です」と。娘さんが車いすだから。それで、淡谷さんが「それじゃあ、乗ります」と言って乗って、一滴文庫という水上さんの文学館に行ったんです。

大石 おもしろい話。淡谷のり子さんという方も深い方だったですね。

永 今も出たけれど、こういう話が出てくるのは、ふつう、世間一般の友だちとかは出てこない。大石さんだから出てくる。

さっき、慶良間、座間味があったでしょう。そして淡谷さんが出てきて、淡谷さんつながりで水上さんが出てきてというように、つながっていく。自分の予期しないつながり方をする。最初に火をつけたのは大石さんだから。大石さんがいるから慶良間の話になるでしょう。

大石 それが水上さんまで行っちゃうわけですね。

永　行っちゃう（笑）。水上さんは若狭の原発の反対運動をしていて、村八分になっちゃうんです。それで長野に越すんです。倅（窪島誠一郎）がいるから。

大石　あぁ。仲直りしたんですよね。

永　無言館。僕にとっては空襲と震災がつながるの。それが原発・福島につながる。そういう思いもよらない方にころがっていく。

大石　若いころ、雑誌の取材で水上さんを撮影したことがあります。水上さんの映画で、岩下志麻さんが出演した『はなれ瞽女おりん』の撮影の前だか最中だか忘れましたけれど。

永　水上勉さんという人もおもしろい人だった。

大石　私も知人の中に若狭湾に原発反対運動をしている人たちがいるので、水上さんとは別に行ったりして、よくつきあいました。ああいう村で反対運動をするというのは、なかなかきびしいものがあるというのを、ひしひしと感じました。

永　だって、淡谷のり子の歌を水上勉の竹の劇場で聞こうという同じ日の同じ時間に、関西電力が人気スターを呼んできて、無料で同じ日にぶつけてくる。そういう話もいっぱいあるんだ。

宮城まり子に「原子」を説明する

永　ラジオで「子供電話相談室」をやっていたときに、「原発って何ですか」と訊かれた。「お母さんに聞いてごらん」と答えたら、お母さんに聞いたら、わからないから「TBSに電話して永さんに聞け」って言われたんだって（笑）。

「お母さんはどういうふうに答えたの？　そのとおりに言ってごらん」と言ったら、「原子力で発電するのよ」って（笑）。それじゃわからないから、「原子力ってなあに」「原子の力でしょう」「原子ってなあに」、そこでお母さんは黙っちゃって、「そこから先を永さんに聞けと言われたの」。でも、そこから先が大変にむずかしいんです（笑）。

宮城まり子の「ねむの木学園」のそばに、中部電力の浜岡原発があって、彼女はその反対をしている。あの人、元気なんですよ、まだ（笑）。

吉行淳之介と宮城まり子はいっしょにいたのね。吉行さんから電話があって、「原子力のことは詳しいか」と言うから、「詳しくない」と言ったの。そうしたら、「まり子がどういうものか知りたがっているから、説明しに来てくれ。あなたの説明の仕方の方が専門書よりいいから」と言われて。

反対をしているんだけれど、だれも彼女に、原子って何だか教えてない。だから、僕が宮城まり子に説明したように説明するね。まず、原子というのは、世の中で一番小さいものです。マンガで言うとアトム。アトムにはウランちゃんという妹がいるけれど、ウランは本当はアトムのお母さんなの。原子はどれくらい小さいか。今日でもお帰りになってから、ジャガイモでも、リンゴでも、カキでも、こぶし大の野菜をまな板のうえに置いて、それを包丁で真っ二つにします。包丁はよく砥いでおいてね。

一回切ると二つですね。二つになったら、さらにそれを二分の一にします。四分の一ですね。それを十回、二十回、三十回って半分にしていくと、ちょうど百回目ぐらいに原子とぶつかります。そういう小ささです。

原子の中に、電子とか陽子とか、いろいろ入っている。野球で言うと、東京ドームのグラウンドのセカンドベースを原子核としたら、東京ドームが原子の大きさです。

その原子核がぶつかりあうと、バカみたいなエネルギーが出て、それで発電をする。

この原子力の問題のときに中性子って出てきます。日本の政治家が時々、中性子爆弾ということを言うんですね。中性子というのは原子よりさらに小さい。小さいものは大きいものをすり抜けますね。われわれの体は原子でできていますから、中性子が、原子にぶつからないで貫いちゃう。中性子爆弾が新宿の真上で爆発したら、われわれはこの顔色をして、この肌のまま死んでいる。

だから「人道的な爆弾」と言われるんです。人道的な爆弾なんてあるはずがない。でも、そういう説明をされると、そういうものなんだと思うでしょう。

校庭の十円玉を宇宙から探す

永　宮城まり子にそういうふうに原子の説明をした。そうしたら、「はい、はい」と言ったくせに、「わかった?」って言ったら、「わかんない」って言う(笑)。
これをなんとかしようと思って、吉行淳之介のところに行って、もうちょっと時間がほしいって。

筑波大学に原子理論の専門家が何人もいる。その中の人に、子供にわかるように、原子って何だか説明してほしいと言って、授業をやっている教室に行ったんです。

そこで、その立花先生が十円玉を出して、「永さん、この十円玉を投げてください」。投げたら十円玉は床に落ちて、グルグルグルグルパタッて倒れた。「その十円玉を拾ってください」って言われて、それを拾って返しました。

次にもう一回、「よく見てください。今度は私が投げます」って、立花先生がいきなり投げて、「拾ってきてください」と。なんとか探して拾ってきました。

次は、「窓を開けてください」。窓を開けたら、立花先生が窓の外に十円玉をいきなり投げたんです。それで「探してきてください」って言うから、「そんなことしないとわからないの」って言ったら、「それが一番わかりやすいんです」って。

「今、僕はグラウンドのどこにあるかわからない十円玉を探せと言ったけれど、その十円玉を宇宙の外から探すのが原子理論です」って。それを宮城まり子にやったの。

大石　感激していたでしょう。いかに小さいか、よくわかったと。

永　わからない、わかるわけがない。タレントだから、わかって感動したふりをしていた。

大石　芸ですね（笑）。でも、グラウンドに投げた十円玉を宇宙から探しだす学問というか、学というか、それってすごく発想がおもしろいし、深いものがありますね。

永　だから早い話が、わからないんですよ（笑）。土をさらって、三億年かかるとか、何十億年かかるとかっていうでしょう。大変だなと思うけれど、何億年という単位を身体でわかるってできないよね。せいぜい、平均寿命は百年いってないわけだから。その人間たちが、何億年も先の話をどうして計算できるのかわからない。

大石　一万年だってだめですよね。

永　日本の歴史だって、たかだか二、三千年だものね。

大石　そうです。だから二千年前というと、それこそ縄文から弥生の時代になるわけですよね。たかだか二千年でも、二千年前がどういう時代だったかということを考えて、今を基準にして二千年後を考えると、縄文とか弥生時代だったんだということを考えると、とてつもなく長い時間ですね。

永　話、全然ちがっちゃうけれど、最近、真言宗とか、天台宗とか、仏教を勉強に来るフランス人とかアメリカ人が多い。仏教ってなんだという。それを説明するときに、カリフォルニア大学の先生で、仏教を研究している人がいるのね。その人が、こうやって紙を切って、ここに紙がある、紙があるって、コールアンドレスポンスみたいに言わせる。この紙はミツマタ、コウゾという植物からできている。この紙をよく見ろ。紙だけれど自然だ。木だ。草がここにある。草が見えるかと言うと、みんなが見えると言う（笑）。言わせるんです。

その草はただ生えていない。山がある。山があってそこに木が生えていて、木がここにある。これは一枚の紙でなくて一本の木だ。そのとおりなんです。一本の木だと言って、そうすると生徒がみんな、木だと言う。言わせるのは気持ちが悪いんだけれど、言わせる。その次に、だからこれは宇宙だ。山も含んで、見えるだろう。ここに生きている人びとが見えるだろう。みんな、見えると言うんです（笑）。

大石　素直でかわいいですね。

永　順番でいくと、みんなだんだん見えるようになってくる。そのように一枚の紙から宇宙を感じられるというのは、それが仏教だと。お釈迦様の教えだと。ぼくらが聞いても、なるほどなと思う（笑）。

大石　そうですよね、それが本当に仏教ですよね。さすがですね。なかなかそういうアイデアは浮かばない。自分と宇宙がつながっていることを実感するような想像力の持ち方になりますね。

沖縄

沖縄

室津（兵庫）

博多（福岡）

福岡

大石芳野さんの祖父母と
室戸（高知）

安曇野（長野）

井波駅（富山）

室津（兵庫）

テレビ草創期、手さぐりの日々

ラジオの音に写真が付いた

大石　永さんは、ラジオからはじまって、ラジオからテレビになって、いろんなエピソードがおありになるでしょう。

永　その話は、ぼくが写真について考えていることがあるけれども、重なるのね。ラジオは絵がない。ラジオからテレビに替わる時に、ぼくは現場にいたわけです。その時に説明するのに、ラジオに写真がつく。

テレビジョン、遠くを映すというのは、そこからはじまるんです、というところからやっているわけです。

戦後すぐには、ぼくらはそれが信じられなかった。音が飛んでくるのはあるだろうと思っていますが……。今もオリンピックをやっているけれども、ぼくらの世代は「前畑がんばれ」だからね。音が聞こえてくるのは電波で、無線電話で聞こえてくる。絵が飛んでくるというのは、ものすごく知識がないでしょう。その絵に色がついて、色が飛んでくるというのはますますわからない。未だにわからない。だから携帯を持っていない（笑）。

大石 たしかにラジオという音に絵がつくという、そういうふうに結びつけてテレビを考えたことはなかったですね。

永 考えたことがない。想像できなかったもの。フィルムで撮ったニュースはありました。

大石 ニュース映画と結びついたりはしなかったんですか。

永 ニュース映画はフィルムだから、生じゃなかった。テレビって最初から生なんですよ。だから今でないと映せない。ビデオテープができて、絵が残せるようになるのね。それまで全部生《なま》。だから生は強いの、平気なの。

そこで日本人がテレビをわからないときに、アメリカが民主主義教育と称してアメリカがやっているテレビの番組を持ってきて、ぼくらはそれを見ながら勉強したんです。

大石　写真は撮った瞬間から過去になるから、テレビの生《なま》にはかなわない。ニュース映画も写真も、みなライブ（実況）ではないから、テレビの力は絶大ですね。最初に映画を見た時代、劇場で映画を見た人が、画面の中で列車が来るのでみんながワッと逃げたとか、火事の映像があって、バケツで水をかけたとか、そういう話がありますけれども、テレビジョンというのはラジオに絵がつくという、それはどんなふうに具体的に考えられたんですか。私は当たり前のように感じていましたね。映画の劇場みたいなことが、心理状態としては起こったのかしらね。

永　だからここでテレビカメラに向かってしゃべっている人がいて、それでこっちの部屋でその同じ絵がここにあるというのは、信じられなかった。フィルムもそうだったんです。昔は敏感に感じる色とそうでない色と、めちゃくちゃだった。だから走査線というのになって文字が読めるようになったのは革命的だった。人が動いていて、そこにスーパーが入って文字が入るというのは、二番目にびっくりした。

大石　そういう中にラジオの世界から、永さんはお仕事としてどっとテレビの方へのめりこんでいかれたでしょう。

永　そう、それは入ったのがラジオの世界だからね。

大石　そしてもちろんラジオと両輪ではあったでしょうけれど、「夢であいましょう」まで行っちゃったわけですね。

ディズニーアニメの吹き替えに噺家を起用

永　テレビが入ってきたのと同時に、ハリウッドのアメリカ映画が入ってきた。アメリカ映画の先端にディズニーがいたんです。ディズニーのマンガ映画で育ったようなものです。だから「ダンボ」とか「バンビ」とか、全部出演してる、ぼく。大変だった、あれを作るのに。日本語に訳さないといけないでしょう。訳しても、英語で使っている声の質を日本のラジオから探すわけです。ブルドッグならこの声とか……。それを探す仕事をしていたの。

当時、帝国ホテルは日本人は入れなかった。そこの部屋を取って、そして一日じゅうＮＨＫのラジオを聞いているディレクターがいる。何時何分のこの声はイヌ、この声は何と決めて、それがぼくのところへ来るわけ。何時何分にしゃべっていた人はブルドッグ。ところがそれが浅沼稲次郎だったりする。それで浅沼さんのところへ行って、こういう映画でブルドッグの役で出てくださいって、出演交渉に行った（笑）。その時は断られたけれど、ラジオでやる時は出てくれたんです。

それからこの役は誰というのに噺家が多かった。そうすると吹き替えをしないといけない。今はふつうにみんなやっているけれど、ぼくらはそれを最初にやった。そうすると、「やあ、こんにちは」と言いますね。「バンビ」がやっと立ち上がって歩けるようになった時に、そばでドンとやって、ウサギが来て、ウサギが「こんにちは」っていう言葉を教える場面があって、そういう仕事を……。

大石　あぁ、そうするとプロデュースもやったし、出演もなさったわけ。

永　プロデューサーなんて偉いものじゃないよ（笑）。というよりも、声を探しても出ないから、君が出なさいという形でね。たとえばどのぐらい大変だったかというと、噺家は一人しゃべりをしているからうまいんじゃないかと思っていた。それで当時の文楽とか志ん生とか名人を頼んで、スタジオに来てもらって、『やあ、こんにちは』と言うのを、絵を見ながら言ってくださいと言うじゃない。ところが、噺家は最初に「えー、やあ、こんにちは」とくるんだけど、「その『えー』はいらないんです。『やあ、こんにちは』でいいんです」（笑）というぐらい大変だった。そんな音がラジオに入っている。

大石　私も耳の大きなゾウのダンボとか、バンビとか、覚えてます。永さんはそんなふうに深くかかわっておられたのですね（笑）。

永　三木鶏郎さんには生前に会ったっけ？

大石　いいえ、私はお会いしたことはないです。

永　鶏郎さんが日本側のプロデューサーで、ぼくは鶏郎さんのアシスタントをしていた。今みたいな話、大石さんでないと聞いてくれない（笑）。大石さんだから聞いてくれるのね。

相撲甚句は、力道山の二所ノ関部屋で覚えた

――日本テレビをつくった正力松太郎が、原発にも関係している。アメリカがテレビを日本に売りこんだ時に、原子力の平和利用といって原発を抱き合わせたんです。

永　今の話をぼくはゾッとしながら聞いていたんだけれど、日本テレビが開局するためのパーティをやったんです。それで正力松太郎もいた。その時にあいだをつなぐコントのようなものでお客様にサービスしようというので、ぼくが書いて、江戸家猫八と一龍齋貞鳳と三遊亭小金馬と三人でコントをパーティでやった。正力松太郎が、「おもしろい、あの三人で番組を作れ」と言ったのが、「お笑い三人組」になる。

その「お笑い三人組」がＮＨＫに移って、新しい三人組をつくらなければいけない、というので渥美清と谷幹一と関敬六で後を作った。その中の渥美清を連れて、「夢であいましょう」でＮＨＫに戻るんです。その時、正力松太郎はずっと上でえばってい

た。会ったことは一度だけ、そのパーティで。そのころ、放送作家は誰もいないんだもの。

大石　「お笑い三人組」ってそうなんですか。あれも見ていました（笑）。

永　あんまり古い番組のことは言わない方がいいね。

大石　えっ、だって十歳しかちがわない（笑）。私は、街頭テレビで力道山を観ている群衆を見ていた。

永　ぼくは力道山とつきあいがあったの。二所ノ関部屋で関脇までいってる。在日だったから差別が大変だった。そして明治座の新田さんという人がプロレスラーにしようと言うので、それでプロレスラーになった。プロレスリングのいろいろ指導をするのに沖識名とかユセフ・トルコとか、あのへんをまとめて、プロレスラーの修業に、アメリカに行くんです。それを見送っている。

大石　どうして力道山は相撲から。それは在日差別があるからというだけで？

永　戦前の差別はそうとうひどいからね。

大石　それでレスリングの方にいったの？

永　この前、大石さんとの新宿のトークショウの時の「相撲甚句」は二所ヶ関部屋で覚えた。いろんな流れがあって、あれは二所ヶ関の相撲甚句。昨日、日曜日、相撲協会の福祉相撲というのをやっていた。「しょっきり」だの「甚句」だのやるんだけれど、みんな下手（笑）。練習してないんだ。

大石　永さんの声は大きく澄んでいたし、とてもすばらしかった。会場に来ていた人たちは、感動していました。

永　ぼくは能力を外へ出さないから（笑）。

大石　しっかりと出ましたよ。あの時は。

永　前に相談されたことがあるんだけれど、国技館の柱を取ってしまったでしょう。昔、進駐軍が、屋根が吊ってあるのはおかしいからという話があって、屋根をはずしたことがあるんです。その時に一番困ったのは呼び出し。屋根があるから声が響いている。

大石　それはそうですよね。声が上に抜けちゃいますものね。

戦争で先輩がいなくなった

大石　テレビになってから、洩れ伝わってくる永さんのお書きになったり、お話になったりしているのを聞いたりすると、どんどんテレビの方でお忙しくなっていくじゃないですか。そしてラジオとかけもちしながら、その違いというところでぎくしゃくしたりはなさらなかった？

永　今の話で足りないところで言うと、戦争が終わったでしょう。終わった時に戦争で活躍した人は全部はねられて、誰もいなくなっちゃった。放送局にも、小説の世界も、出版の世界も誰もいない。いつのまにかぼくが先頭に立っていた。先輩がいないから、師匠がいないから、自分でやるよりしょうがなかった。

大石　そうやって、永さんのように自分で工夫しながらやっていた方は、他に何人かいらっしゃるの？

永　大橋巨泉とかね。前田武彦君とか、小沢昭一もそう。みんな先輩がいない。

そのころ先輩だった一人に武野武治（むのたけじ）さんがいる。このあいだ、むのさんと会ったのね。もう百歳です。会った時に、意味もなく泣いたんです、元気でいるから。その涙は説明しにくかった。ぼくにしてみると、むのたけじという人は、戦後の新聞の中で光り輝いていたからね。

戦後、秋田に戻って『たいまつ』という新聞を始める。

大石　むのさんが『朝日』をお辞めになったのは、自分も国民をだましていたということでしたね。

永　それで率先して辞める。そして田舎へ帰って小さい新聞を作っていらしたんです。その田舎にいたおじさんを、松島トモ子が……。

大石　そう、聞きました。あの放送とても良かったですね。

永　おもしろいおじさんがいるから紹介すると言われて、それで行った時にむのたけじだった。松島トモ子が紹介する人じゃないでしょう（笑）。

大石　このごろの松島トモ子さんはいいですね。ラジオで聞くかぎりしか知らないけれども、お話の仕方も上手ですよ。

ともかく永さんに会ってみたかった

永　『アサヒグラフ』という雑誌があったでしょう。飯沢匡さんがそこにいたんです。あなたの歳ぐらいの編集長だった。「日曜娯楽版」の作者だった。そこでつながるんです。それで『アサヒグラフ』のコラムを作るようになって、それの挿絵をやってくれた人が長沢節さん、もう一人……、イラストレーターで、そこではじめて見た。男性で、もう亡くなった人もいた。そのグループでわれわれは出会う。田中一光さんの事務所で。そこにはイラストレーターだけじゃなくて、カメラマンもいたし、デザイナーもいましたね。当時、最先端の人たちがいた。ぼくは和田誠といっしょに、一光さんのところで集まりがあるって連れて行かれた。大石さんは？

大石　私は永さんにとても興味をもって、会ってみたいと思ったのはラジオの深夜放送です。あれは当時、ほとんど毎日やっていらっしゃいましたね。それで私もけっこう夜更かし、朝寝坊のタイプなものだから、聞いていて、永さんについて、この人ってどういう人なんだろうと思ったんです。

永　「パックインミュージック」という、そこでやっていた学生が北山修だった。ぼくが放送を終わると北山にバトンタッチで、北山は京都医大の学生で。それは未だにスタジオで悪ふざけしているのね（永さんは土曜深夜・北山さんは木曜深夜　六九〜七一年）。だからつながっているんです、ずっと下で。

大石　永さんの方はずっとつながっているけれども、私は外にいて、そういう永さんが発信されるものを聞いていた側なんです。だから「ダンボ」にしても見ていた側だし、「パックインミュージック」という深夜放送も聞いていた側で、それもとても興味深いし、時代をまさに切り取るような発言をびしびしとおっしゃっていて、非常に刺激を受けたんです。それで深夜放送とか、たくさんいろんなものがあるけれども、その中で一番会ってみたい人に永さんがいらして、紹介されてＴＢＳに行ったんです。

永さんが放送されているのを遠くから見て、もちろん、お顔は何かの写真やテレビなどで知っているんですけれども、あらためて、「あ、永さんだ」と思って、そこからのおつきあいなんです。

「夢あい……」にはお出になっていたけれど、やはり強烈だったのは、夜の深夜放送です。あのころ、ちょうど六〇年安保の頃だったりして、みんな日本の若者が悶々としてました。そういう時に言いたいことを、歯に衣を着せないで……。深夜番組をなさって、おそらく一年ぐらいたっていたと思うんです。それとあと、「六輔その世界」は土曜日でしたか。あのころから、遠藤泰子さんと。あのころの若者は、活気があるというか、活発で、自分たちの国、自分たちの将来をどうしようかということで、真剣にワアワア言って賑やかに発言していましたね。とにかく日本がそういうエネルギーで燃えていたという感じがします。

木村伊兵衛の文楽写真のすごさ

永　ぼくは、一光さんのところに呼ばれて、木村伊兵衛さんと会うんです。

大石　えっ、そうなんですか。木村伊兵衛さんもいらしたの？

永　木村伊兵衛さんに文楽のすごい写真集がある。文楽の写真集を田中一光さんがデザインしていたんです。そこに太夫や人形遣いがいるでしょう。木村さんは文楽に詳しいわけじゃないから、撮ってきた写真がどういう場面か、ぼくが説明する役だった。それでたとえば親子が別れる場面ですとか、それを聞きながら一光さんがデザインする。レイアウトして……。その時に、木村さんという人は大変な人だというのは知っていたけれど、一光さんに呼ばれてくるところが、一光さんはもっと偉いの。

大石　そう、デザイナー兼プロデューサーですものね。

永　戦後の文壇もそうだし、人がつながっていくんです。今の段階でいうと、威厳をもっている人が少ない。

写真の世界に師匠はいない

永　大石さんは写真家としては、師匠というか、先生は誰?

大石　いないです。

永　誰かのアシスタントは。

大石　してないです。私は日本の男尊女卑の封建的な中で社会人になりました。学生時代は男も女もないと思っていたんです。けれども、社会に出た途端に「女なのに」とかなり抑圧されたので、つながりようもなく、誰も雇ってもくれない。就職したくても女だという理由だけでバツで、男性のみということで、どこもなかったんです。だから私は日大の写真学科を卒業する時に就職先がなかった。好きでフリーになったのではなくて。自分が望まないようなところならどこかあったかもしれないけれど、私が望むところはどこもなかったんです。

それで大学の教授が、「大石君、フリーになりなさい」と言ったんです。それで私はフリーとはどういうものかよくわからないまま（笑）、一生懸命仕事をすれば、私は自分の撮りたい写真が撮れるようにもなるのかな、と思ってフリーになったんです。でも、フリーになったらとんでもなくて、仕事をもらわないとお金にならない。仕事をもらいたいと思って、誰かに紹介されて訪ねて行きますが、だいたいそこで女だというだけで私はだめです。

永　それはぼくだって、「かわいい子が何しているの」、「カメラマン」と言われて、「えっ、あの子はカメラマンだって」（笑）。

大石　そう。私は童顔なのでまた若く見られて、全然はったりも利かないし（笑）、着てる恰好もふつうだし、バカにされるばかりで、対等には見てもらえなかったんです。

だから師匠について考えているひまもなくて、とにかく仕事をして、フィルム代を稼ぐところからやらないといけない。そのために一生懸命仕事し、その仕事をするために、誰かに仕事をもらわないといけないでしょう。それで人から人へ紹介していただいたり、これは私にとっては、語るも涙……ではないですけれども、大変な駆け出し時代でしたね。

だからバスにもほとんど乗らない。バス代は倹約してフィルム代にしたり、お茶は飲まないで公園の水を飲んだり、今のように自販機はないので、公園のベンチで休んで水を飲んで、それで印画紙代にするとか、コツコツとたまに頼まれた仕事を糧にしながら。フリーというのは作品を持って行かないと、この人がどの程度の人かわからないでしょう。「大石でございます」と言っても写真の仕事をもらえるわけではないので、ある程度、ポートフォリオみたいなものを作らないといけない。それで「これが私の写真です、私はこの程度の写真だったら撮れます」という見本を持って行く。それを作るのにも、もちろんお金がかかるわけです。フィルムを買って、印画紙にプリントして、そういうのを作って、持って行くわけです。そして小さくてもいいので仕事をくださいと言って、紹介されたいろんなところに行くんです。

でも、なかなか仕事がもらえなくて。私は幸いにして自宅から通っていました。でも、社会人になったからには、こちらもプライドがありますから、寝るところはあっても、自分でなんとかしたいと思って、これで私は飢え死にするかなと思ったりするぐらいの歳月が続いたりしましたね。

パパニーとの出会い

それに私は写真以外の仕事は絶対にやらないと決めていたんです。写真で仕事をしていくと決めていたので。けれども、たった一つ、アルバイトというか、別の仕事をしました。それは日本に来た何人もの外国人に日本語を教えるという学校がＯＤＡの一環であったんです。その教室に週に二回、日本語を教えに通いました。それが私の写真以外の唯一の仕事でした。

実は、この仕事が縁で、私はパパニーという四歳の少年に出会ったんです。彼はガーナ人で、父親はガーナ大使館勤務で来日して間がないころでした。彼の大きな黒い瞳はこの世の人間が持っている悩みや苦しみといった深い闇のようなものを秘めていると感じました。その瞳を見た途端、私は昔、解決策のない悩み苦しみに溺れそうになったことがあって、その時の自分の心の奥が目の前に現れてきたような感じにさえなったんですね。彼に強く惹かれて、以来、六歳で日本を離れるまでお付き合いをしました。といっても子どもですから、ご家族とですね。四年経ってガーナに、二年経ってロンドンにパパニーを訪ねて『少年パパニー』という写真集を作りました。ドキュメンタリー写真というよりは、初恋の夢物語といったような写真集です。もし、あのアルバイトのような仕事をしなかったら、パパニーには会えなかったと思います。

昌子夫人と
日本武道館（東京）

父・永忠順さんと

父・永忠順さんと

長女・千絵さん、次女・麻里さん、昌子夫人と

書斎

立山（富山）

エピローグ

写真・ラジオの時代を内側から見てきた

永　今、はっきり言って、テレビの時代です。ぼくはラジオの人間だから、マイクロフォンで生きてきちゃったの。同じように大石さんは、レンズで生きてきて、大石さんの仕事もぼくの仕事も、先がない……と言うとおかしいけれど、その前に出版って何なのと思うんです。

「朝日」だったかな、大学生が半分、この一年、本を読んでないというデータがあった。それもすごく怖い話。だけど、本の時代、写真の時代、ラジオの時代を中で、内側から見てきているわけです、ぼくも、大石さんも。その一つの時代をすみっこから見てきて、それは大石さんも同じだと思う。もうマイクの時代じゃないと思うんだ。こういう写真集ももう出ないでしょう（笑）。

大石　まだ現役のつもりですが。

永　でも、写真集を出す出版社がないと同じだよ。

大石　最近は写真集専門の出版社がいくつかできている。むろん昔もありましたが。土門拳さんの『ヒロシマ』は研光社が出版しましたし。

永　ぼくのラジオも、ラジオの時代じゃないんです。たしかにそれは災害の時は役に立つかもしれないけれども、テレビなんです。ちょうどそういう時代に仕事をはじめて、そういう時代の終わりに立ちあっている。

大石　たしかに、フィルムの時代はもう終わりですね。でもね。土門拳の写真展を見てつくづく思ったのは、フィルムで撮影した写真には味があり、深みがあるということ。実に魅力的なんです。中身が良いからということばかりでなくて。それを見ながら私は、やっぱりフィルムが入手できる限り、フィルムで撮りたいと強く思いました。でも確実にフィルムの末路は見えているようなところに今ありますね。

永　ぼくも自分で終りだなと思うことがあるのね。

大石　そう、ラジオの時代はスタート、ではないけれども、初期から今は終わり。私の方はデジタルはありますけれども、私がはじめた時は、フィルムはスタートではないけれども、今は終わりの時を迎えています。

永　写真の時代ってありましたね。『ライフ』が売れていた。『アサヒグラフ』『毎日グラフ』もあった。写真が主役という時代があったじゃないですか。ラジオはその前にラジオが主役というのがあって、テレビがはじまって、見事に力を失っていく。そういうデータを人はあまり知らないけれど、ラジオから手を引きたい放送局はいっぱいある。だからTBSもFMだけにして、縮めていこうという傾向があるんです。

大石　ということは、今、ラジオの放送時間が短くなっているんですか。

永　TBSの前に、文化放送と日本放送があぶない。ラジオ日本はもうあぶない。そしてNHKはいろいろ問題を抱えながら続けているでしょう。

力を失いつつあるマイクとレンズ

永　ぼくとあなたは同じ時代に生きている。そしてぼくのマイクとあなたのレンズは、同じなんです。力があったけど、今、力を失いつつあって、ひょっとするとラジオはマイクがなくなっちゃう。災害があるたびに、災害の時はラジオをどうぞと言っているでしょう。ウソだよ、あんなこと。災害になったらラジオもないんです。各局一斉にラジオのPRであんなことを言いだした。FMだったり、今だったらスマホの方が、手っ取り早い。

大石　そういう意味のラジオね。ラジオ局そのものが災害を受けてしまうという意味ですね。

永　そう。そして機械がよくなっているでしょう。カメラでも軽く小さくなった。そこのところを書いたり論じたりする人が少ない。ということは、内側からの意見がないから。

大石　機械がよくなっていることで、マイナスも生じているという声が、なくはないでしょう。私もそう思っていますから、そういう声はけっこう敏感にキャッチします。たとえば、目に見えるものでもいいじゃないですかと言うけれど、目に見えないものまでも見せたいというのが、今の機械の技術促進の計画です。テレビも、ふつうのフィルムの時代からデジタルの時代になって、ハイビジョンができて、４Ｋができて、今、８Ｋが計画されているけれど、ハイビジョンだってすごいです、見え方のクリアさというのは。

永　今、映画がそうじゃない？　われわれはモノクロから見ているんだもの。トーキー以前から。子どもの時に見て、それが今、４Ｄになっているでしょう。あるメディアが生まれたところから、なくなるところまで一つの時代を生きているのはめずらしい。

大石　それだけ技術の変化が速いのかしらね。写真でいえば百七十年ぐらい前にできて、それが今でも、多様化はしているけれども、フィルムはまだ残っている。それが今度はデジタルになると、その画像は百年や二百年はもつのかどうかという疑問も出ているんです。

永　江戸時代から明治時代に替わるでしょう。明治維新以降、西洋の文化が宗教も含めて入ってきますね。それからたかだか二百年、戦争が終わってから七十年、平安時代から鎌倉時代に変わったからって、世の中、そうは変わらないですね。今日から鎌倉時代ですと言っても、そういうことはありえない。もっと言えば、縄文時代は今日でおしまいです、これから弥生時代ですということはないじゃない。

重くて高価な写真集をどうにかしたい

永　そういうふうに、今、テレビもラジオも写真集もそこのところは同じだと思う。気がついたらなくなっていた、変わっていた。ところで、写真集ってこんなにお金をかけて、厚さとか重さとか紙とか、どうしてこんなに豪華になっちゃったの？

大石　豪華ではないんですけれども、紙はこうした類の紙でないと色がきれいに出ない。表紙は厚紙にするか、薄いのにするかというのは、あとの問題ですけれども、紙はやはりざら紙だと色も画像も現段階ではきれいに出ない、表現がうまくいかない、白黒でも。そういうことで紙が決まっていくわけです、本にするというのは。

永　ある時期、豪華な写真集から安い写真集に変わった時期がある。木村伊兵衛さんたちが……。

大石　土門拳が百円の『筑豊のこどもたち』を一九六〇年に出版したでしょう。あの時は、できるだけ安く出したいということで、五十五年も前の百円だから、今では十倍ぐらいになるかもしれないけれども、ホチキス止めの簡単なものにして、紙はざら紙にしたんです。それと土門さんの発想の中に、安くてまるめてポケットに入れられるという、そういうのにしたいということだったようですが……。

永　あれは感動的だった、ぼくは。

大石　そうですね。だから、最初、ベトナムの写真集を作ったときにはあの考え方を土台にして文庫で出しました。『ベトナムは、いま』（講談社）というのは。その時、私は土門さんの百円の考え方を受け継いで、そういう本にしたかったんです。ところが、それはむずかしいということになって、それで文庫にしたんです。そのころ、文庫は花盛りで、安くて、当時は三百円ぐらいでできたので。文庫といったら多くが活字のものでしたが、写真集もありえるということから、少し高くなりましたが文庫にしました。

永　今、農業の問題でいっても高齢者が多いでしょう。それで野菜を全部小さく……スイカなんか、じいさんばあさんが働けるようにしているじゃないですか、軽く、小さくして。にもかかわらず、写真集だけ、これは重いよ、年寄りは持てないよ。

大石　写真集とか画集というのは重いでしょう。重いのは紙のせいもあると思うんです。そのへんは印刷関係や編集者の方が詳しいでしょうけれど……なめらかな印刷に仕上げるために、紙にはパルプ以外の塗料が入っているそうです。紙が重いのはそれも一つの理由ですね。いつも、もっと軽くて安くてと、私は願うんですが。でも判型が大きいのは、写真や絵は大きい方が見応えがありますから。

永　これでケガ人が出たことない？　これを落として、足の骨を……。

大石　痛い。落としたことあります。とても痛いです。一冊が二キロぐらいありますからね。

永　目方で売ればいい（笑）。

大石　ほんとに。重くて高いのが写真集の欠点かもしれませんね。写真は写真としての迫力も表わしたいですから、どうしても最終段階の判型や印刷が大切になってくるんです。

島からは日本が見える

永　あなたの写真は、ベトナムとかラオスとか、東南アジアが多いですね。それから、思い出したように島がある。沖縄とか隠岐の島とか。島はどうして好きなの。

大石　沖縄は島とは言いにくいところがありますけれど、隠岐の島はもともと、地図を見ていて、ここってすごくおもしろそうなところだと思ったんです。日本海に浮かんでいる島だから、半島とか大陸の文化もある。もちろん日本の文化もある。船が行ったり来たりしているから、長い歴史の中では南の文化もあるだろう、と。そして一時期、流人の島でもあって、後鳥羽上皇も流されていたりするので、あの小さな島の中に、きっとさまざまな文化がつまっているにちがいないと思ったんです。それがきっかけです。

永　島からは日本が見える、日本からは島は見えない。

大石　そうですね。日本を見たいと思ったら、たとえば、東南アジアとか外国に行くと、日本がよく見えますね。外に出ると内にいては気がつかないことが見えてきますね。

同じ場所で、同じ空気と風を浴びて

永　『隠岐』とか『黒川能』というのは、『沖縄』もそうだけれど、大石さんが行ってるところに、ぼくも行っている場合がある。同じ空気を吸っている場合がある。そういう時は全然ちがうんです、受けとめ方が。知らない世界を写真で知るのと、知ってる世界を……。

大石　永さんが知っている世界、たとえば広島もいらっしゃっているし、沖縄は何度もいらっしゃっていて、ばったり会ったりもしてるので、沖縄はこの写真から、どんな感じを受けますか。

永　大石さんがカメラを持って立った場所に、ぼくも今立っているというのは、説明できないけれどとても大事なことなんです。カメラマンと同じ場所にいて、同じサイズでものを見ているというのは。同じ一枚の写真が３Ｄ、４Ｄになって見えてくる。行った場所は同じでも、写っている人は知らない人で、知らない人なのに知ってる人になっちゃう。

大石　ああ、そうなんですね。

永　ここにある、吹いている同じ風を感じているということなんですね。

（了）

バリ島（インドネシア）

バリ島

バリ島

バリ島

吉井勇吉さんと
鹿児島

立山（富山）

姫路（兵庫）

永　六輔（えい・ろくすけ）

一九三三年東京生まれ。ラジオパーソナリティ、作詞家、随筆家。早稲田大学在学中に三木鶏郎に見出され放送作家活動を開始。大学中退の後は、ラジオ・テレビの放送作家、作詞家など、多方面で活躍している。

作詞家としては、中村八大作曲の「上を向いて歩こう」「こんにちは赤ちゃん」「遠くへ行きたい」、いずみたく作曲の「見上げてごらん夜の星を」「いい湯だな」など数々の名曲を生みだす。ラジオパーソナリティとしては、「誰かとどこかで」（一九六七～二〇一三年）、「土曜ワイドラジオ TOKYO 永六輔その新世界」（一九九一～二〇一五年）といった長寿番組に出演。二〇一五年より「六輔七転八倒九十分」（ＴＢＳラジオ）に出演。

著書は、ミリオンセラーとなった『大往生』（岩波新書）をはじめとして、『職人』『芸人』『商人』（いずれも岩波新書）など、各地を旅するなかで触れてきた市井の人びととの言葉をやわらかく掬い取った著作で知られる。また、テレビ草創期以来の放送界の歴史の生き証人として、その豊かな人脈を通じた交友録を記すと共に、現在の放送界への辛口のコメントを続けている。

現在、パーキンソン病と診断され、歩行や発語の困難と闘いながら、精力的に活躍を展開している。

大石芳野（おおいし・よしの）

東京都出身。写真家。日本大学芸術学部写真学科を卒業後、約四十年にわたりドキュメンタリー写真に携わり今日に至る。戦争や内乱、急速な社会の変容によって傷つけられ苦悩しながらも逞しく生きる人びとの姿を、カメラとペンで追っている。二〇〇一年土門拳賞（『ベトナム　凜と』）、二〇〇七年エイボン女性大賞、同年紫綬褒章、二〇一三年ＪＣＪ賞（日本ジャーナリスト会議）（『福島 FUKUSHIMA 土と生きる』）ほか。

主要著書に『無告の民　カンボジアの証言』（岩波書店、日本写真協会年度賞）『パプア人』（平凡社）『ワニの民　メラネシア芸術の人びと』（冬樹社）『隠岐の国』（くもん出版）『沖縄に活きる』（用美社）『夜と霧は今』（用美社、日本写真協会年度賞）『あの日、ベトナムに枯葉剤がふった』（くもん出版）『カンボジア苦界転生』（講談社、芸術選奨文部大臣新人賞）『HIROSHIMA 半世紀の肖像』（角川書店）『沖縄　若夏の記憶』（岩波書店）『ベトナム　凜と』（講談社）『コソボ　破壊の果てに』（講談社）『アフガニスタン　戦禍を生きぬく』『子ども　戦世のなかで』（藤原書店）『黒川能の里　庄内にいだかれて』（文・馬場あき子、清流出版）『〈不発弾〉と生きる　祈りを織るラオス』（藤原書店）『それでも笑みを』（清流出版）『福島 FUKUSHIMA 土と生きる』『戦争は終わっても終わらない』（藤原書店）等。

藤原書店にて　2013 年 11 月

レンズとマイク

2016年4月10日　初版第1刷発行©

著　者　永　　六　輔
　　　　大　石　芳　野

発行者　藤　原　良　雄

発行所　株式会社　藤　原　書　店

〒162-0041　東京都新宿区早稲田鶴巻町523
電　話　03（5272）0301
ＦＡＸ　03（5272）0450
振　替　00160－4－17013
info@fujiwara-shoten.co.jp

印刷・製本　中央精版印刷

Printed in Japan
ISBN978-4-86578-064-2

Ⅵ 魂《こころ》の巻——水俣・アニミズム・エコロジー　**解説・中村桂子**

Minamata : An Approach to Animism and Ecology

四六上製　544 頁　**4800 円**（1998 年 2 月刊）◇978-4-89434-094-7

水俣の衝撃が導いたアニミズムの世界観が、地域・種・性・世代を越えた共生の道を開く。最先端科学とアニミズムが手を結ぶ、鶴見思想の核心。

月報　**石牟礼道子　土本典昭　羽田澄子　清成忠男**

Ⅶ 華の巻——わが生き相《すがた》　**解説・岡部伊都子**

Autobiographical Sketches

四六上製　528 頁　**6800 円**（1998 年 11 月刊）◇978-4-89434-114-2

きもの、おどり、短歌などの「道楽」が、生の根源で「学問」と結びつき、人生の最終局面で驚くべき開花をみせる。

月報　**西川潤　西山松之助　三輪公忠　高坂制立　林佳恵　C・F・ミュラー**

Ⅷ 歌の巻——「虹」から「回生」へ　**解説・佐佐木幸綱**

Collected Poems

四六上製　408 頁　**4800 円**　（1997 年 10 月刊）◇978-4-89434-082-4

脳出血で倒れた夜、歌が迸り出た——自然と人間、死者と生者の境界線上にたち、新たに思想的飛躍を遂げた著者の全てが凝縮された珠玉の短歌集。

月報　**大岡信　谷川健一　永畑道子　上田敏**

Ⅸ 環の巻——内発的発展論によるパラダイム転換　**解説・川勝平太**

A Theory of Endogenous Development : Toward a Paradigm Change for the Future

四六上製　592 頁　**6800 円**（1999 年 1 月刊）◇978-4-89434-121-0

学問的到達点「内発的発展論」と、南方熊楠の画期的読解による「南方曼陀羅」論とが遂に結合、「パラダイム転換」を目指す著者の全体像を描く。

〔附〕 年譜　全著作目録　総索引

月報　**朱通華　平松守彦　石黒ひで　川田侃　綿貫礼子　鶴見俊輔**

人間・鶴見和子の魅力に迫る

鶴見和子の世界

R・P・ドーア、石牟礼道子、河合隼雄、中村桂子、鶴見俊輔ほか

学問／道楽の壁を超え、国内はおろか国際的舞台でも出会う人すべてを魅了してきた鶴見和子の魅力とは何か。国内外の著名人六十三人がその謎を描き出す珠玉の鶴見和子論。〈主な執筆者〉**赤坂憲雄、宮田登、川勝平太、堤清二、大岡信、澤地久枝、道浦母都子**ほか。

四六上製函入　三六八頁　**三八〇〇円**（一九九九年一〇月刊）◇978-4-89434-152-4

鶴見俊輔による初の姉和子論

鶴見和子を語る

〈長女の社会学〉

鶴見俊輔・金子兜太・佐佐木幸綱　**黒田杏子編**

社会学者として未来を見据え、"道楽者"としてきものやおどりを楽しみ、"生活者"としてすぐれたもてなしの術を愉しみ……そして斃れてからは「短歌」を支えに新たな地平を歩みえた鶴見和子は、稀有な人生のかたちを自らどのように切り拓いていったのか。

四六上製　二三二頁　**二二〇〇円**（二〇〇八年七月刊）◇978-4-89434-643-7

珠玉の往復書簡

邂逅（かいこう）

多田富雄＋鶴見和子

脳出血に倒れ、左片麻痺の身体で驚異の回生を遂げた社会学者と、半身の自由と声とを失いながら、脳梗塞からの生還を果たした免疫学者。病前、一度も相まみえることのなかった二人の巨人が、今、病を共にしつつ、新たな思想の地平へと踏み出す奇跡的な知の交歓の記録。

Ｂ６変上製　二三二頁　二二〇〇円
（二〇〇三年五月刊）
◇978-4-89434-340-5

人間にとって「おどり」とは何か

おどりは人生

鶴見和子＋西川千麗＋花柳寿々紫

【推薦】河合隼雄氏・渡辺保氏

日本舞踊の名取でもある社会学者・鶴見和子が、国際的舞踊家二人をゲストに語る、初の「おどり」論。舞踊の本質に迫る深い洞察、武原はん・井上八千代ら巨匠への敬愛に満ちた批評など、「おどり」への愛情とその魅力を語り尽す。

写真多数
Ｂ５変上製　二二四頁　三二〇〇円
（二〇〇三年九月刊）
◇978-4-89434-354-2

強者の論理を超える

曼荼羅の思想

頼富本宏＋鶴見和子

体系なき混沌とされてきた南方熊楠の思想を「曼荼羅」として読み解いた社会学者・鶴見和子と、密教学の第一人者・頼富本宏が、数の論理、力の論理が支配する現代社会の中で、異なるものが異なるままに共に生きる「曼荼羅の思想」の可能性に向け徹底討論。

カラー口絵四頁
Ｂ６変上製　二〇〇頁　二二〇〇円
（二〇〇五年七月刊）
◇978-4-89434-463-1

着ることは、〝いのち〟を纏うことである

いのちを纏《まと》う

（色・織・きものの思想）

志村ふくみ＋鶴見和子

長年〝きもの〟三昧を尽してきた社会学者と、植物染料のみを使って〝色〟の真髄を追究してきた人間国宝の染織家。植物のいのちの顕現《けんげん》としての〝色〟の思想と、魂の依代《よりしろ》としての〝きもの〟の思想とが火花を散らし、失われつつある日本のきもの文化を、最高の水準で未来に向けて拓く道を照らす。

カラー口絵八頁
四六上製　二五六頁　二八〇〇円
（二〇〇六年四月刊）
◇978-4-89434-509-6

戦争を超えて生きる人々の〝魂〟

大石芳野写真集

アフガニスタン　戦禍を生きぬく

大石芳野

跋＝鶴見和子／近現代史解説＝前田耕作

厳しい自然環境に加え、長年の戦争によって破壊し尽くされた国土で、心身に負った深い傷を超えて生きる女性や子供たちの〝魂〟を、透徹した眼差しで浮き彫りにする。　**オールカラー**

第38回造本装幀コンクール展入賞

B４変上製　二四八頁　**一〇〇〇〇円**
（二〇〇三年一〇月刊）
在庫僅少◇978-4-89434-357-3

〝犠牲者は、いつも子どもたちだ〟

大石芳野写真集

子ども　戦世《いくさよ》のなかで

大石芳野

戦争や災害で心身に深い傷を負った人々の内面にレンズを向けてきた大石芳野の、一九八〇年代から現在に至るまでの作品の中から、世界各地の子どもたちの瞳を正面からとらえた作品一七六点を初めて一冊にまとめた、待望の写真集。　**２色刷**

A４変上製　二三二頁　**六八〇〇円**
（二〇〇五年一〇月刊）
◇978-4-89434-473-0

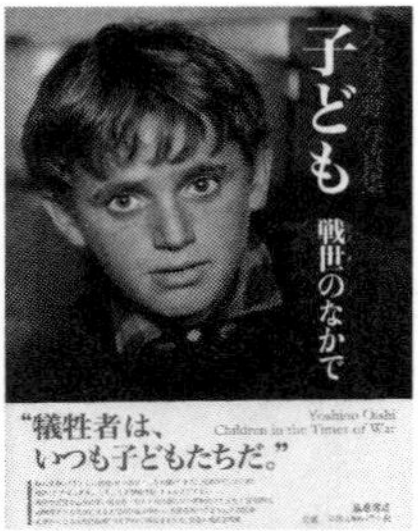

撤去完了に二百年

大石芳野写真集

〈不発弾〉と生きる　〔祈りを織る　ラオス〕

大石芳野

ベトナム戦争当時、国民一人に一トンも投下された爆弾の一部が〈不発弾〉と化して、三〇年以上を経た現在もラオスの人びとの日常を破壊している。クラスター爆弾の非人道性が厳しく問われる今、美しい染織文化をもつ小国で〈不発弾〉に苦しむ人びとの祈りを受け止める。　**オールカラー**

四六倍判変上製　二三二頁　**七五〇〇円**
（二〇〇八年一一月刊）
◇978-4-89434-661-1

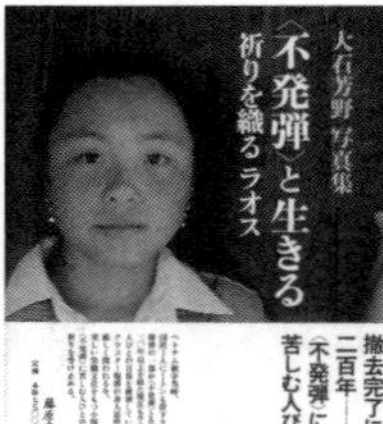

人びとの怒り、苦悩、未来へのまなざし

大石芳野写真集

福島 FUKUSHIMA　土と生きる

大石芳野　小沼通二＝**解説**

戦争や災害で心身に深い傷を負った人びとの内面にレンズを向けてきたフォトジャーナリストの最新刊！　東日本大震災と福島第一原発事故により、土といのちを奪われた人びとの怒り、苦悩、そして未来へのまなざし。

２色刷　全二二八点
第56回ＪＣＪ賞受賞

四六倍変判　二六四頁　**三八〇〇円**
（二〇一三年一月刊）
◇978-4-89434-893-6